21 世 纪 高 等 学 校 美 术 与 设 计 专 业 规 划 教 材

城市广场及商业街
景观设计

主 编：田 勇
副主编：唐 毅 刘 益 范 颖

湖 南 人 民 出 版 社

21世纪高等学校美术与设计专业规划教材编委会

《城市广场及商业街景观设计》编委会

主　编：田　勇

副主编：唐　毅　刘　益　范　颖

编　委：（以姓氏笔画为序）

王润强　广州美术学院

田　勇　川音成都美术学院

刘　乐　川音成都美术学院

刘　益　川音成都美术学院

陈　杰　中南林业大学

严　熙　中山大学

邵　松　华南理工大学

周继平　湖南工程职业技术学院

范　颖　川音成都美术学院

郭建国　湖南城市学院

赵　琦　川音成都美术学院

谈一评　广东工业大学

唐　毅　川音成都美术学院

总 序

湖南人民出版社经过精心策划，组织全国一批高等学校的中青年骨干教师，编写了这套21世纪高等学校美术与设计类专业规划教材。该规划教材是高等学校美术专业（如美术学、艺术设计、工业造型等）及相关专业（如建筑学、城市规划、园林设计等）基础课与专业课教材。

由于我与该规划教材的诸多作者有工作上的联系，他们盛情邀请我为该规划教材写一个序，因此，对该规划教材第一期开发的教材我有幸先睹为快。伴着浓浓的墨香，读过书稿之后，掩卷沉思，规划教材的鲜明特色便在我脑海中清晰起来。

具有优秀的作者队伍。规划教材设有编委会和审定委员会，由全国著名画家、设计家、教育家、出版家组成，具有权威性和公信力。规划教材主编蒋烨、刘永健是我国知名的中青年画家和艺术教育工作者，在当代中国画坛和艺术教育领域，具有忠厚淳朴的人格魅力和令人折服的艺术感染力。规划教材各分册主编和编写者大都由全国高等学校教学一线的中青年教授、副教授组成。他们大都来自全国著名的美术院校及其他高等学校的艺术院系，具有广泛的代表性。他们思想开放，精力充沛，功底扎实，技艺精湛，是一个专业和人文素养都很高的优秀群体。

具有全新的编写理念。在编写过程中，作者自始至终树立了两个与平时编写教材不同的理念：一是树立了全新的"教材"观。他们认为教材既不仅仅是知识体系的浓缩与再现，也不仅仅是学生被动接受的对象和内容，而是引导学生认识发展、生活学习、人格构建的一种范例，是教师与学生沟通的桥梁。教材质量的优劣，对学生学习美术与设计的兴趣、审美趣味、创新能力和个性品质存在着直接的影响。教材的编写，应力求向学生提供美术与设计学习的方法，展示丰富的具有审美价值的图像世界，提高他们的学习兴趣和欣赏水平。二是树立了全新的"系列教材"观。他们认为，现代的美术与设计类教材，有多种多样的呈现方式，例如教科书教材、视听教材、现实教材（将周围的自然环境和社会现实转化而成的教材）、电子教材等，因此，美术与设计教材绝不仅仅限于教科书。这也是这套规划教材一直追求的一个目标。

具有上乘的书稿质量。规划教材是在提取、整合现有相关教材、专著、画册、论文，以及教学改革成果的基础之上，针对新时期高等学校美术与设计类专业的教学特点和要求编写而成的。旨在：力求体现我国美术与设计教育的培养目标，体现时代性、基础性和选择性，满足学生发展的需求；力求在教材中让学生能较广泛地接触中外优秀美术与设计作品，拓宽美术和设计视野，尊重世界多元文化，探索人文内涵，提高鉴别和判断能力；力求注重培养学生的独立精神，倡导自主学习、研究性学习和合作学习，引导学生主动探究艺术的本质、特性和文化内涵；力求引导学生逐步形成敏锐的洞察力和乐于探究的精神，鼓励想象、创造和勇于实践，用美术与设计及其他学科相联系的方法表达与交流自己的思想和情感，培养解决问题的能力；力求把握美术与设计专业学习的特点，提倡使用表现性评价、成长记录评价等质性评价的方式，强调培养学生自我评价的能力，帮助学生学会判断自己学习美术与设计的学习态度、方法与成果，确定自己的发展方向。

具有一流的装帧设计。为了充分发挥规划教材本身的美育作用，规划教材编写者与出版者一道，不论从内容的编排，还是到作品的遴选；无论从封面的设计，还是到版式的确立；无论从开本纸张的运用，还是到印刷厂家的安排，都力求达到一流水准，使规划教材内容的美与形式的美有机结合起来，力争把全方位的美传达给广大读者。

美术与设计教育是人类重要的文化教育活动，是学校艺术教育的重要组成部分。唐代画论家张彦远曾有"夫画者，成教化，助人伦，穷神变，测幽微，与六籍同功，四时并运"的著名论断，这充分表明古人早已认识到绘画对人的发展存在着很大影响。歌德在读到佳作时曾说过这样一句话："精神有一个特征，就是对精神起到推动作用。"我企盼这套规划教材的出版，能为实现我国高等学校美术与设计专业教育的培养目标产生积极的推动作用；能为构建我国高等学校美术与设计专业科学和完美的课程体系产生一定的影响。

二〇〇六年夏日

序

城市广场及商业街景观设计在国内是近几年才提出的研究性课题。各大专院校现已开设了相关的课程，从宏观上看这门学科的研究方向是非常有价值的。中国的建设与发展会全速推动景观建筑设计学科和技术的发展，景观建筑设计也将成为建设中不可缺少的新学科。

城市广场及商业街景观设计是建立在广泛的自然科学和人文艺术学基础上的应用学科。它与建筑学、城市规划、市政工程设计等学科有密切的关联。因此，它要求从事景观设计的人具有宽广的视野，深厚的文学知识、艺术修养、相关的专业功底，较强的草图绘制能力和实际设计能力。

古希腊城市广场，如普南城的中心广场，是市民进行宗教、商业、政治活动的场所。古罗马建造的城市中心广场开始时是作为市场和公众集会场所，后来也用于发布公告、进行审判、欢度节庆等，通常集中了大量宗教性和纪念性的建筑物。15—16世纪欧洲文艺复兴时期，由于城市中公共活动的增加和思想文化的繁荣，相应地出现了一批著名的城市广场，如罗马的圣彼得广场、卡比多广场等。威尼斯城的圣马可广场风格优雅，空间布局完美和谐，被誉为"欧洲最美丽的客厅"。17—18世纪法国巴黎的协和广场、南锡广场等是当时的代表性广场。中国古代城市缺乏公众活动的广场，只是在庙宇前有前庭，有的设有戏台，可以举行庙会等公共活动。此外，很多小城镇上还有进行商业活动的圩场、码头、桥头等集散性广场。衙署前的前庭不是供公众活动使用的。在日益走向开放、多元、现代的今天，我们逐渐认识到城市广场是城市整体空间环境的一个重要组成部分，是城市居民的重要活动空间。城市广场这一载体所蕴涵的诸多信息，成为规划设计深入研究的课题。广场的艺术设计来源于对地域的自然、历史及文化的体验和理解，也来源于对当地生活的体验。

商业街古来有之。中国步行商业街的起源最早可追溯至唐代。唐代的长安城就已出现著名的东市和西市。到了宋代，步行商业街已极为繁荣，《清明上河图》所描绘的就是宋代典型步行商业街的繁荣景象。那时的设计还未成系统，形式各异，没有得到建筑家们的重视。从20世纪70年代的"闵行一条街"开始，我国才渐渐地对商业街的设计与理论的探讨重视起来。近年来，步行商业街正在成为中国城市新的投资热点和城市名片，对商业街的规划设计研究日益扩展到土地、经济、建筑空间等领域。

本教材针对城市广场及商业街景观设计这一课题，从理论上分析了城市广场及商业街区的概念、历史、设计原则，并结合实际案例讲解了城市广场及商业街景观设计的方法、程序及步骤。对从事建筑、规划、景观设计的人将起到一定的借鉴、参考作用。

编　者
2015年6月

目　录

第一部分
城市广场景观设计

DESIGN

ART

城市广场是城市公共空间的重要组成部分，是一个具有久远历史的建筑形态。它是由自发的、无序的逐渐转变为有计划的、有序的空间形态。早期的广场形态大多与当时的生产和生活方式紧密相连，广场的形成与发展不仅与原始宗教活动相联系，还与市场交易活动、戏剧、舞蹈活动以及当时的司法活动等相联系。可以这样说，广场的形成与发展贯穿着人类精神活动的各个层面。

广场不仅是城市中不可缺少的有机组成部分，还是一个城市、一个区域具有标志性的重要公共空间载体，如意大利威尼斯的圣马可广场，被誉为"欧洲最美丽的客厅"。

一、城市广场概述

（一）城市广场的概念

对于广场而言，到目前为止还没有一个形成共识的定义。在人类发展的各个时期，对于广场的解读是多样的。

在古希腊，城市广场(AGORA)是指城市中作为市民各种活动聚会的露天场所。古罗马时代的广场(FORUM)，是公共集会的场所，如市场、公共集会地、讨论地或法庭。中世纪、文艺复兴和巴洛克时代的广场(PIAZZA)，原指意大利城镇中的广场或市场，后泛指周围有房屋的空旷场地。古典主义时代的广场(PLACE)，指的是街、路、广场等场所。而近现代的广场(SQUARE)，则主要指四周植树以供休息的方场，或指街道交会的广场。

在中国，古代的"广"通"旷"，是大、宽阔的意思。"广"的本意是指有覆盖而无四壁的大房屋，"广"还指地之面积，宽度为广，古代有"东西为广，南北为袤"之说。"场"是指具有容纳空间范畴和范围的场所，与古代的所、园、苑、院等概念相近。古文中的"场"是平坦的空地、未种植的空地。古代还有"筑土为坛，劈地为场"之说。我国古代城市缺乏西方集会、论坛式的广场，而比较发达的是兼有交易、交往和交流活动的场所——街道，它是城市生活的中心。

而近现代的许多学者从不同的角度对城市广场进行的描述也是有不同之处的。J•B•杰克逊认为广场是将人群吸引到一起进行静态

休闲活动的城市空间形式。凯文•林奇则认为"广场位于一些高度城市化区域的核心部位，备有意识地作为活动焦点。通常情况下，广场经过铺装，被告密度的构筑物为何，有街道环绕或与其连通。它应具有可以吸引人群和便于聚会的要素"。《人性场所》一书中用大段文字来表述："广场是一个主要为硬质铺装的、汽车不能进入的户外公共空间。其主要功能是漫步、闲坐、用餐或观察周围世界。与人行道不同的是，它是一处具有自我领域的空间，而不是一个用于路过的空间。当然可能会有树木、花草和地面植被的存在，但占主导地位的是硬质地面；如果草地和绿化区域超过硬质地面的数量，我们将这样的空间称为公园，而不是广场。"

从古今中外不同时期对城市广场的描述可知，城市广场是城市居民社会生活的中心，是城市不可或缺的重要组成部分，被誉为"城市的客厅"。广场具有集会、贸易、娱乐、运动、停车等功能，集会场、市场、运动场、停车场等于一体，可以概略地说，城市广场是指城市中供公众活动的场所。

（二）城市广场的分类

广场的类型很多，可以从使用功能、尺度关系、空间形态和材料构成等方面进行分类。

1. 按使用功能分

（1）纪念性广场：如纪念广场、陵园、陵墓广场等。

（2）集会性广场：如政治广场、市政广场、宗教广场等。

（3）交通性广场：如站前广场、交通广场等。

（4）商业性广场：如购物广场、集市广场等。

（5）文化娱乐休闲广场：如音乐广场、街心广场、社区广场、儿童游戏广场等。

（6）附属广场：如公共建筑前广场、商场前广场等。

2. 按尺度关系分

（1）特大尺度广场：如国家性政治广场、市政广场等，用于国务活动、检阅、集会、联欢等大型活动。

（2）小尺度广场：如街区或社区休闲广场、庭院广场等。

3. 按空间形态分

（1）开放性广场：以外部空间为特征的无限定的场所、场

地，如体育场、露天市场等。

（2）封闭性广场：以内部空间为特征的有限定的场地，如室内商场、体育馆等。

4．按材料构成分

（1）以硬质材料为主的广场。

（2）以绿化材料为主的广场。

（3）以水质材料为主的广场。

（三）城市广场的空间形态关系

影响城市广场空间形态的主要因素有：广场周边建筑及城市环境，广场与街道的关系，广场的几何形态与尺度关系，广场的围合程度与方式，主体建筑物、标志物与广场的关系等。

1．广场与周边建筑及城市环境的关系

建筑物一般都是围绕广场空间进行布置的。广场周边建筑物的高低、密度和形态等与广场的空间关系密不可分，大致有以下四种情况：第一种情况是高层建筑和低层建筑共同围合形成的广场空间。第二种情况是主体建筑后退，以突出广场的空间体量。第三种情况是主体建筑向广场空间内进行扩展，打破单一的广场形式，形成丰富多变的广场空间。第四种情况是多个广场空间可以通过廊、巷、桥等过渡空间进行连接。这些从而形成多样式、多层次的广场空间（如图1-1），而且广场与周边建筑能形成围合封闭关系（如图1-2）。

城市广场是城市空间形态中的重要组成部分，它是城市结构中的焦点，与城市环境和交通网络有机地结合在一起，控制着城市的

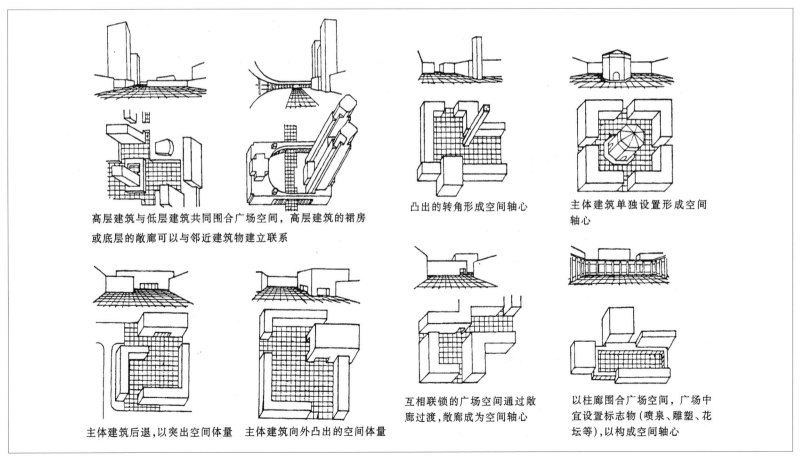

高层建筑与低层建筑共同围合广场空间，高层建筑的裙房或底层的敞廊可以与邻近建筑物建立联系

凸出的转角形成空间轴心

主体建筑单独设置形成空间轴心

主体建筑后退，以突出空间体量　　主体建筑向外凸出的空间体量

互相联锁的广场空间通过敞廊过渡，敞廊成为空间轴心

以柱廊围合广场空间，广场中宜设置标志物（喷泉、雕塑、花坛等），以构成空间轴心

图1-1　广场空间与周围形态的关系

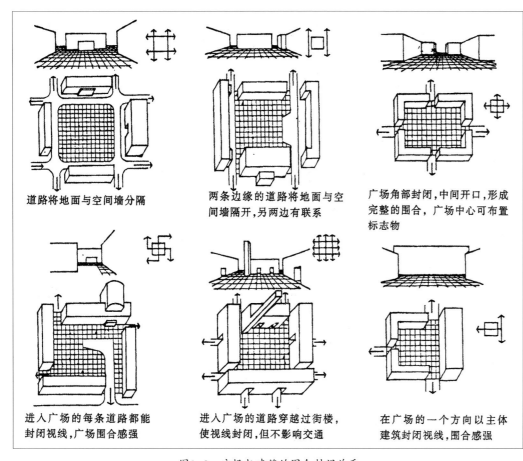

道路将地面与空间墙分隔　　两条边缘的道路将地面与空间墙隔开，另两边有联系　　广场角部封闭，中间开口，形成完整的围合，广场中心可布置标志物

进入广场的每条道路都能封闭视线，广场围合感强　　进入广场的道路穿越过街楼，使视线封闭，但不影响交通　　在广场的一个方向以主体建筑封闭视线，围合感强

图1-2　广场与建筑的围合封闭关系

空间构成。一个好的广场应该处理好与城市环境的关系，具体要求有以下几点：

（1）广场应充分反映城市本土的历史人文背景。

（2）广场应体现出在城市功能中的性质和内容。

（3）广场周边应具有特征鲜明的建筑物。

（4）广场应具有合理变化的空间形态。

（5）广场应具有鲜明的方位感。

2．广场与街道的关系

广场与街道都是城市空间中不可缺少的重要组成部分，而且都属于人们活动的公共空间。只是街道是可供短时间停留的线状空间，而广场则是可以较长时间停留其中的点状或面状空间。

广场与街道的关系是密不可分的，街道既对广场有引导性的作用，同时，街道也可以穿越广场，广场也可以作为街道的节点布置

在街道一侧或两侧。广场与道路的具体关系（如图1-3）。

3．广场的几何形态与尺度关系

从广场的形状来看，广场可分为长方形广场、正方形广场、圆形广场、椭圆形广场等几何形广场以及不规则形广场。广场的规模尺度是根据广场周边建筑物的尺度、体量、功能以及人的尺度来确定的。大而单纯尺度的广场对人有排斥性，小而局促的广场则使人感觉压抑，只有尺度适中的广场具有较强的吸引力。对于一些特殊性质的广场，如政治性、纪念性、集会性广场等，需要有足够的尺度空间来满足其特殊的需求。广场的空间尺度和人的视觉角度有一定的关系（如图1-4）。对于广场的适宜尺度，一般遵循以下几条原则：

（1）面积约为140米×60米的广场，亲切距离为12米。

（2）人的视距与建筑高度的比值为1.5～2.5，良好距离为24米。

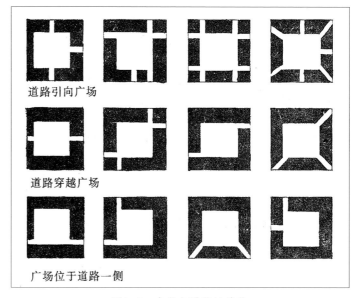

道路引向广场

道路穿越广场

广场位于道路一侧

图1-3　广场与道路的关系

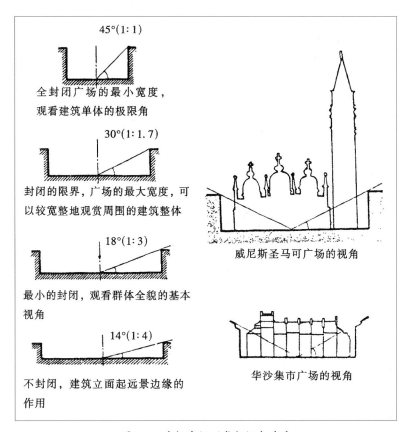

图1-4 广场空间形式与视角关系

45°(1:1)
全封闭广场的最小宽度，
观看建筑单体的极限角

30°(1:1.7)
封闭的限界，广场的最大宽度，可
以较宽整地观赏周围的建筑整体

18°(1:3)
最小的封闭，观看群体全貌的基本
视角

14°(1:4)
不封闭，建筑立面起远景边缘的
作用

威尼斯圣马可广场的视角

华沙集市广场的视角

设置
包括点、线、面的设置，亦可称为中心的限定，广场空间中的标志物就是典型的中心的限定

围合
用某种构件(墙、绿化、建筑等)围成所需的空间，不同的构件及围合方式产生强与弱，封闭与开放的空间感觉

覆盖
用某种构件(布幔、华盖)或构架遮盖空间，形成弱的虚的限定

基面抬起
抬高的空间与周围空间及视觉连续的程度，依抬起高度的变化而定

基面托起
与基面抬起相似，在托起的基面的正下方形成从属的空间限定

基面下沉
使基面下沉划分某个空间范围，在视觉上加强下沉部分在空间关系中的独立性

基面倾斜
顺应地形的渐变的空间限定

基面变化
基面质地及地面纹理的变化作为限定的辅助手段

图1-5 广场的围合方式

（3）人的视距与建筑高度构成的视角为18°～27°，最大尺度为140米。

（4）中外城市广场面积参考。

4. 广场的围合程度与方式

广场的围合方式包括中心限定、四周的围合、顶面的覆盖、基面的空间变化（如图1-5）。

（1）广场的中心限定是运用点、线、面等构成要素，对广场进行空间限定和设置；四周的围合限定是利用建筑、墙体及绿化等构件进行围合限定，不同的构件和不同的围合方式可以产生封闭与开敞、强与弱的空间感觉。

（2）广场区域顶面的覆盖主要运用玻璃穹顶、布幔、钢架结构等构件遮住广场顶面空间，形成较弱或较虚的限定围合空间。

（3）广场基面的空间变化主要是通过下沉、抬高、倾斜以及基面的材质铺装的色彩和质地变化来形成不同的空间形式。

5. 广场与主体建筑物、标志物的关系

广场与主体建筑物之间的关系主要表现为主景、衬景、并景、居间、围合、退隐这几种方式（如图1-6）。

（1）主景。主体建筑物处于广场一侧的重要位置上，从而形成了广场上的主要景物。

（2）衬景。主体建筑物处于广场一侧，作为广场主题标志物的背景，起陪衬作用。

（3）并景。多个主体建筑物并列布置在广场一侧，形成并景的效果。

（4）居间。主体建筑物处于广场的中心位置上，如北京天安

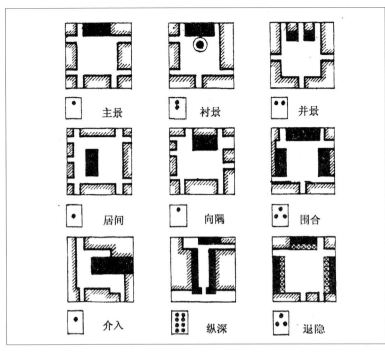

图1-6 广场与主体建筑的关系

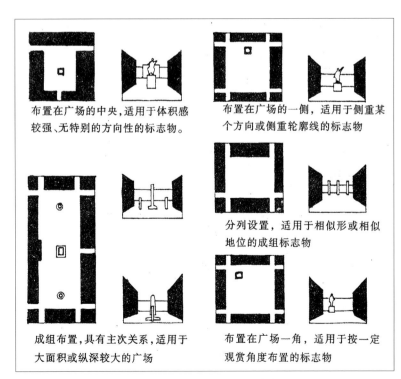

图1-7 广场与标志物的关系

门广场上的毛主席纪念堂就正好处于广场的中心。

（5）围合。多个主体建筑物围绕在广场的周围，形成围合和半围合空间。

（6）退隐。主体建筑物面对广场的前方有廊、过道、桥等构筑物时，削弱了建筑物对广场的影响，从而使建筑物不显著。

布置在广场中央的标志物，一般都是体积感强烈的、无特别方向性导向且可以从任何角度观赏的标志物。布置在广场一侧的标志物，一般都是侧重于观赏某个方向或者侧重于轮廓线的标志物。布置在广场角落的标志物，一般都是按一定的观赏角度所布置的。当广场上布置多个标志物或者成组标志物时，需要进行主次关系的确定，且这类标志物适用于面积较大或纵深较大的广场（如图1-7）。

二、城市广场的发展历史

广场是人类城市文明发展的必然产物，广场设计是一个既传统又现代的建筑设计类型。传统，是因为它的历史悠久，其最早可以追溯到古埃及、古希腊文明。现代，是因为它是人们日常生活和社会活动不可缺少的场所，在当今城市建设中占有十分重要的地位。

广场空间不同于自然空间，它是人造产物，其必然受到人文思想的影响和支配。中国与西方的广场设计由于思想意识与历史文化背景的差异，在广场的空间形式上有所不同。中国古代广场以庭院式广场为主，形态较为封闭，广场从属于宫殿、庙宇等建筑群体。西方古代广场从属于市政、教堂等建筑群，形式较为开敞。

（一）西方城市广场的发展历史

1. 西方古代城市广场

（1）古希腊时期的城市广场。古希腊是欧洲文明的发源地，同样，古希腊的城市广场在欧洲建筑文化中也占有十分重要的地位。

古希腊建筑的体量都比较小，在形式、尺度和构件上都是统一的，所有的建筑都是围绕在中央广场的周围。古希腊广场的设计注重人的尺度，充分结合地形环境，呈不规则形式，建筑也无序排列。广场上的庙宇、雕塑、喷泉、作坊和临时性的商贩摊棚等都是

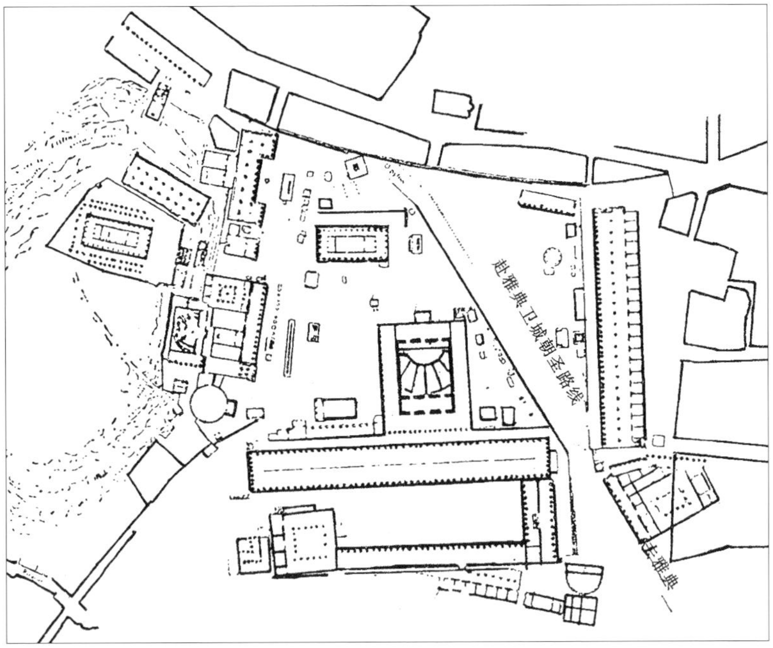

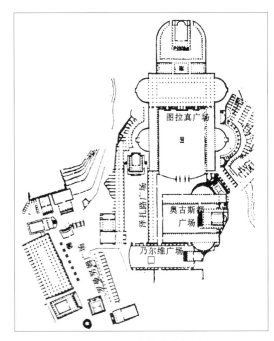

图1-8 古希腊时期雅典中心广场平面

图1-9 古罗马时期的广场群平面

自发地、因地制宜地、不规则地分布在广场中或周边。广场是群众聚集的中心，具有司法、行政、商业、工业、宗教、文娱、交往等社会功能。

古希腊广场的设计观念是利用建筑群所组成的封闭空间，把各个分离的部分组成一个整体。公元前5世纪古希腊法学家希波达姆规划的米利都城是古希腊城市设计的代表。整个城市的平面由方格的建筑群和网格状的街道组成，其中一些空间敞开作为广场。古希腊时期的雅典中心广场，长46.55米，宽18米，是古代公布法令的场所（如图1-8）。

（2）古罗马时期的城市广场。古罗马城的广场群是世界上最壮丽的广场群。古罗马共和时期的广场和古希腊晚期的广场相似，都是城市的政治、经济和文化中心。周围散布着庙宇、政府、商场、作坊等公共场所（如图1-9）。

古罗马广场的特点是充分利用比例尺度关系，使各部分相互协调，但较少考虑人的尺度；形式上利用规整的空间关系和严格的轴线突出广场的整体形象，一般都为长方形，周围都有一圈两层的柱廊。古罗马广场是具有市场、集会、司法、行政、宗教、文娱、交

图1-10 庞贝中心广场平面

城市广场及商业街景观设计　7

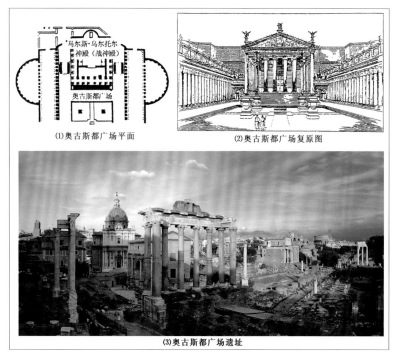

(1)奥古斯都广场平面

(2)奥古斯都广场复原图

(3)奥古斯都广场遗址

图1-11　奥古斯都广场

(2)图拉真广场剖面

(1)图拉真广场轴测

(3)图拉真广场遗址

图1-12　古罗马图拉真广场

往、角斗等功能的城市中心（如图1-10至图1-12）。如古罗马城旧广场，古罗马共和广场，古罗马庞贝中心广场，恺撒广场，奥古斯都广场，古罗马帝国广场，图拉真广场，意大利比萨广场。

（3）中世纪的城市广场。由于中世纪强大的宗教权利，教堂占据了城市的中心位置。教堂巨大的体量和超出一切的高度，控制着城市的整体布局，使之成为城市的中心。城市的街道遵循着地形

图1-13　意大利佛罗伦萨的西格诺利亚广场

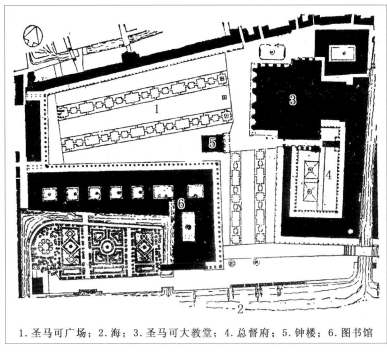

1.圣马可广场；2.海；3.圣马可大教堂；4.总督府；5.钟楼；6.图书馆

图1-14　圣马可广场平面

图1-15　圣马可广场鸟瞰

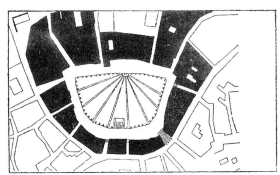

的起伏高差，并与广场交汇，街道都很窄小，这样由窄小的街道空间进入开阔的广场空间是非常具有戏剧性的。中世纪围绕教堂的广场具有围合严实、与人尺度相宜的特点。形式上则呈不规则形，自由而灵活。其功能以为宗教服务为主（如图1-13至图1-16）。如意大利佛罗伦萨的西格诺利亚广场，意大利威尼斯的圣马可广场，意大利坎波广场。

（4）文艺复兴和巴洛克时期的城市广场。在文艺复兴和巴洛克时期，城市广场作为城市设计的重点之一，其风格追求严肃宏伟。这一时期早期的广场继承了中世纪广场的建筑布置比较自由、空间较封闭的特点，广场的雕塑一般在广场的一侧，注重构图的完整，广泛地运用了透视

图1-16　意大利坎波广场

城市广场及商业街景观设计 ▶ 9

图1-17 罗马市政广场平面及手绘透视图

图1-18 罗马市政广场

原理和比例法则。文艺复兴后期的广场则比较严整，空间较开敞，雕塑一般布置在广场的中心位置（如图1-17至图1-21）。如罗马市政广场（坎皮多利奥广场），意大利佛罗伦萨的安农齐阿广场，罗马纳伏那广场，罗马圣彼得大教堂广场。

　　（5）古典主义时期的城市广场。17世纪后期，在路易十四的统治下，法国称霸欧洲，成为欧洲的文化中心。广场也受其影响，形成了有秩序、有组织、王权至上、端庄典雅、设计手法严谨、多布置主题标志物的广场形式。形式上追求纯粹几何结构和数学关系，强调轴线和主从关系，注重庄重典雅的纪念性构图，设计手法严谨（如图1-22至图1-25）。如巴黎旺道姆广场，巴黎协和广场，南锡中心广场群，丹麦哥本哈根的阿玛连堡广场。

图1-19 罗马纳伏那广场

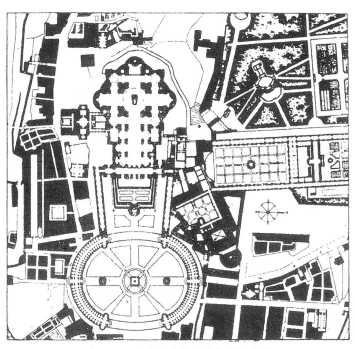

图1-20　罗马圣彼得大教堂广场平面

图1-21　罗马圣彼得大教堂

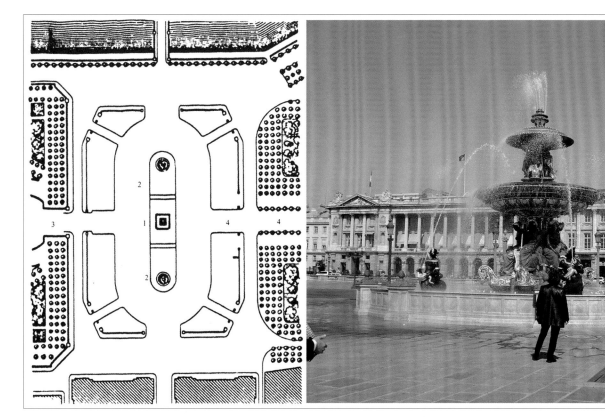

图1-22　巴黎协和广场

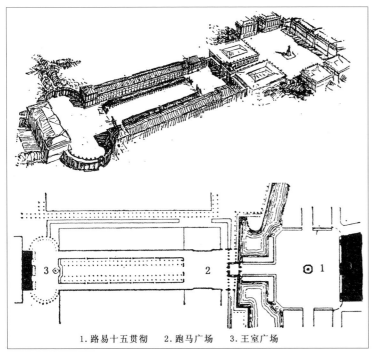

1.路易十五贯彻 2.跑马广场 3.王室广场

图1-23 法国南锡广场群平面及鸟瞰

图1-24 法国南锡广场群

图1-25 丹麦哥本哈根的阿玛连堡广场

2.西方近代城市广场

西方近代城市广场设计的典范主要表现在英、法、俄等欧洲传统国家的旧城改建和像美国等这样历史较短的发达国家的新兴大城市建设。

近代英国的旧城改建和伦敦的重建，继续沿用了古典主义的手法，把法国式的园林设计方法运用到城市设计中，街道网采用古典主义形式，根据城市的功能需要，设计一条中央大街连接三个广场，通过广场对城市布局起控制作用。

法国在拿破仑时期的旧城改建过程中，为了表彰拿破仑帝国的光荣和权威，在巴黎市区中心以大型的纪念碑、纪念柱和纪念性建筑来点缀城市广场和街道空间，控制巴黎的城市景观效果，并以协和广场作为城市的枢纽中心，控制着整个巴黎的城市布局。协和广场以西2.7公里是巨大的纪念性建筑雄狮凯旋门，由于凯旋门建成以后的交通比较拥堵，就在其周围开拓了圆形的广场，即现在的明星广场（如图1-26）。拿破仑时期的旺道姆广场上耸立着专门为纪念拿破仑而修建的纪念柱，柱子高达43.5米，用纯铜铸造，为了建造这个纪念柱，不得不搬走了原来位置上的路易十四塑像（如图1-27）。

图1-27 法国旺道姆广场

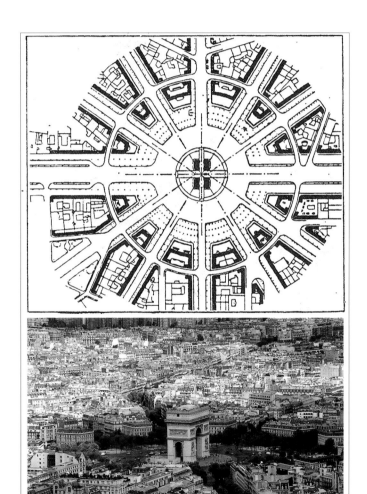

图1-26 法国巴黎明星广场

18世纪到19世纪，俄国已成为欧洲的强国。19世纪初彼得堡建造了宏伟的十二月党人广场，原名元老院广场。

1780年华盛顿被定为美国首都，之后华盛顿开始了新城市规划。规划以国会和白宫两点为中心，向四周发散出许多放射状道路通往各个广场、纪念碑、纪念馆等重要公共建筑，并结合林荫绿地，构成了放射与方格网状相协调的道路系统和美丽景观。

3．西方现代城市广场

西方国家的城市广场在二战以前，多为平面型的广场。20世纪50—60年代开始向空间型广场过渡。20世纪70年代以后，现代广场向集多功能、综合性和空间感于一体的人性化的场所发展。

空间型广场的发展是由于工业文明所带来的急剧的城市化进程，城市中没有足够的土地进行大面积的广场建设，城市建设者不得不考虑把广场往空间上进行发展，从而逐渐发展成为空间型广场。同时，空间型广场解决了城市交通相互干扰的问题，充分地有效利用了空间，丰富了城市公共空间和城市景观。

现代很多大型商业建筑和公共建筑内部或外部的广场多为空间型广场。空间型广场一般分为下沉广场和上升广场两种形式。

（1）美国纽约的洛克菲勒中心广场。洛克菲勒中心广场于1936年建成，被美国公众评为美国城市中最具活力、最受人欢迎的公共活动空间之一（如图1-28）。广场规模较小，面积不到半公顷，但使用率极高。广场为下沉式，广场中轴线上垂直进入广场的道路被称为"峡谷花园"，宽约17.5米，长约60米，花园呈斜坡状，从而使人从第五大街进入广场的时候感觉到布道高差的变化（如图1-29）。广场采用下沉的形式能很好地划分街道与广场的空间关系，同时也能更好地吸引街道上的人们（如图1-30）。广场中

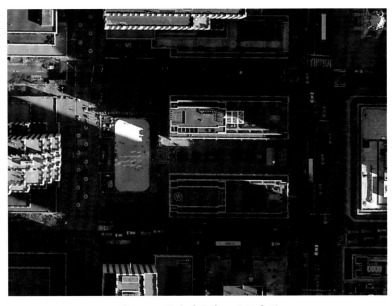

图1-28　洛克菲勒中心广场鸟瞰

图1-29　洛克菲勒中心广场

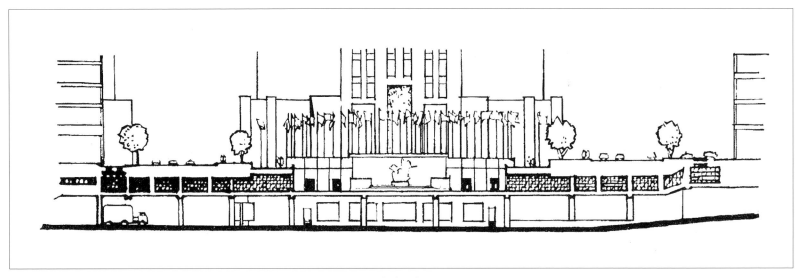

图1-30　洛克菲勒中心广场剖面

轴线的尽端竖立着以褐色花岗岩石墙为背景的金色普罗米修斯雕像，那是广场的视觉中心（如图1-31）。广场在不同的季节具有不同的活动功能，平时这里摆满了咖啡散座供人们休息，到了冬天便成为一个浪漫的露天溜冰场，而过圣诞节的时候，广场会被装扮得非常漂亮，举行庆典活动（如图1-32）。

（2）美国新奥尔良的意大利广场。美国新奥尔良的意大利广场是美国后现代主义建筑师查尔斯·摩尔的代表作。美国新奥尔良

市是意大利移民比较集中的城市。1973年，美国的新奥尔良市为表示对居住在该市的美籍意大利人的尊敬，新建了此广场（如图1-33）。广场为圆形，四周用浅色的花岗岩和深色石板间隔铺砌成很多的同心圆状图案，广场的水池中心是一个由卵石、板石和大理石砌成的多级台阶，从平面上看就是一个带有等高线的意大利地图（如图1-34）。地图的尽端是一个跌水，跌落到象征地中海的水池里。广场的正中心是西西里岛。在广场的周围是由不同的古典柱式

图1-31 洛克菲勒中心广场上的普罗米修斯像

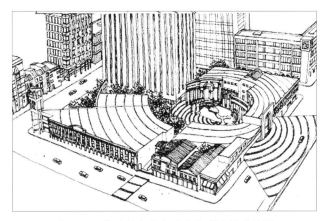

图1-33 美国新奥尔良的意大利广场手绘图

图1-32 洛克菲勒中心广场上的圣诞节活动

图1-34 美国新奥尔良的意大利广场

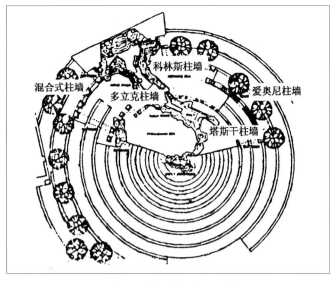

图1-35 美国新奥尔良的意大利广场平面

围合而成的柱廊，柱子的上面有各种形式的喷泉喷出，汇集到水池里（如图1-35）。新奥尔良市的意大利广场是美国城市中最有意义、最具个性和充满亲切感的城市广场之一。

（3）美国旧金山的吉拉德里广场。美国旧金山的吉拉德里广场是世人公认利用旧建筑改为现代功能用途的成功代表作之一，于1964年改建而成。在面积为一公顷左右的高差达到十多米的坡地上，保存原有的砖木结构的巧克力工厂和羊毛作坊等生产性的建筑，利用钢结构和玻璃组成回廊、楼梯、竖井等建筑构件，把各建筑连接起来（如图1-36）。在建筑形成的围合空间中，运用台阶、踏步、绿化解决坡地高差问题，用座椅、栏杆、路灯等公共设施和喷泉等景观元素创造出了一个迂回曲折、起伏变化的广场空间。在

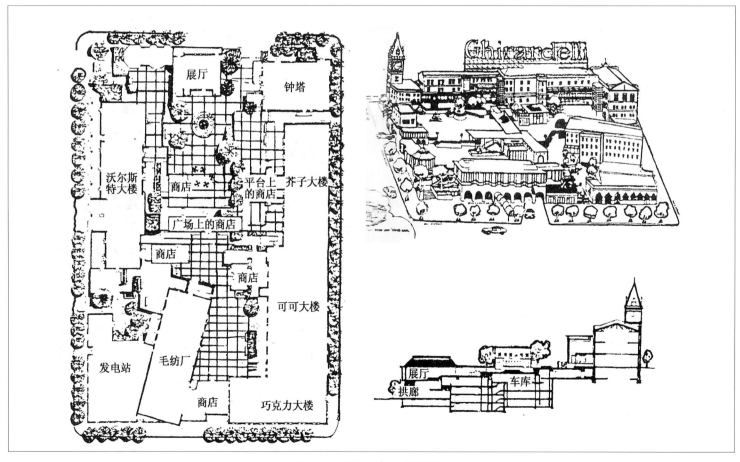

图1-36 旧金山吉拉德里广场

图1-37　旧金山吉拉德里广场

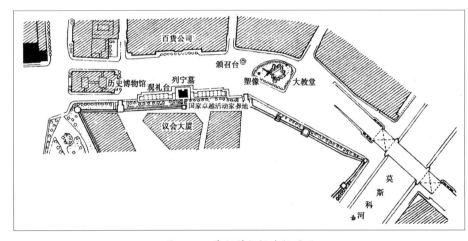

图1-38　莫斯科红场广场平面

广场的最高处有一个4层楼高的钟楼，它是广场的视线焦点，同时也为游人们提供了一个登高远眺旧金山海景的场所（如图1-37）。广场周围共有大小商店和饭店90多家，同时提供300多个地下停车位。吉拉德里广场建成后，深受旧金山市民和旅游者的青睐。随后美国其他城市也相继效仿，如西雅图的先锋广场、匹兹堡的车站广场等。

（4）俄罗斯首都莫斯科红场广场。位于莫斯科市中心的红场广场长382米，宽130米，面积约为4.95平方米，整个广场呈带形（如图1-38）。广场西南是用红色花岗岩砌筑的庄严肃穆的列宁墓，列宁墓有一个重要的功能，那就是作为检阅台，其两旁是观礼台。红场广场是前苏联时期举行阅兵等重大集会和纪念活动的重要场所。列宁墓与克里姆林宫相邻，在列宁墓与克里姆林宫红墙之间，有12块墓碑，包括斯大林、勃列日涅夫、安德罗波夫、契尔年科、捷尔任斯基等前苏联政治家的墓碑（如图1-39）。北面为国立历史博物馆，建于1873年，也是莫斯科的标志性建筑（如图1-40）。东侧是世界知名的十家百货商店之一——古姆商场（如图1-41）。南侧是莫斯科最经典

图1-39　莫斯科红场广场列宁墓

图1-40　莫斯科红场广场国立历史博物馆

图1-41 莫斯科红场广场古姆商场

图1-43 莫斯科红场广场无名烈士墓

图1-42 莫斯科红场广场瓦西里大教堂

的象征——瓦西里大教堂，紧邻莫斯科河（如图1-42）。在克里姆林宫的西侧有为纪念二战胜利50周年而建造的二战英雄朱可夫元帅的雕像以及著名的无名烈士墓（如图1-43）。广场地面由独特的条石铺砌而成，显得古老而神圣。红场广场是莫斯科历史的见证，也是莫斯科人的骄傲。

（5）日本筑波科学城中心广场。筑波中心广场是日本建筑大师矶崎新设计的，其设计手法表现了后现代的建筑思想。筑波中心广场是筑波科学城的有机组成部分，科学城位于东京以外的一个新城市开发区（如图1-44）。广场由3个部分组成：一个高起的平台，由白色面砖方格中填充的红色陶石块铺成；一片下沉的椭圆形区域；一个很富戏剧性的过渡区域，由在这两个层次之间的台阶、坡道和喷泉组成（如图1-45）。广场下沉部分的设计是对米开朗基罗设计的罗马坎皮多利奥广场的借鉴，下沉

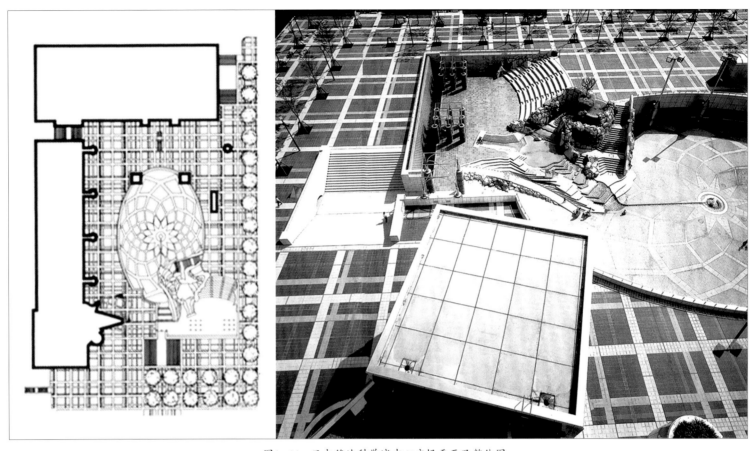

图1-44　日本筑波科学城中心广场平面及整体图

式的广场与罗马坎皮多利奥广场一样
的形式与尺度，只是坎皮多利奥广场
是在高地上，而筑波广场是下沉的。
此外，筑波广场是用黑色石带勾勒浅
色地面，与坎皮多利奥广场的地面色
彩构成正好相反，而且中心的骑马雕
像变成了一个喷泉。两个台地之间用
台阶、石头造景，用流水来过渡，它
们的布局非常随意，与严谨的几何形
地面及广场空间并置在一起，形成一
种鲜明的对比。这个广场是以一种诗
意的形式于一个"非城市"中存在的
"非广场"。

图1-45　日本筑波科学城中心广场局部图

（二）中国城市广场的发展历史

中国城市广场是随着城市的产生而形成的。最初的广场形式表现为原始的集市和剧场，后来集市和剧场的功能逐渐地变化和退化，演化成各具功能和特色的广场。中国古代官方很少专门为普通群众修建公共性质的广场，古代的集市和剧场是中国古代广场的雏形。

中国古代广场以内向型的、半封闭或全封闭的院落式广场为主。广场空间大多是宫殿、庙宇、寺院和陵墓等建筑群的附属空间。这些广场主要是为统治者和贵族阶级服务的，不提供给公共活动使用，不具备公共性和开放性。相反，它要求民众肃静、回避。中国古代广场的布局充分反映了封建专制统治下的皇权意识。城市由高大的城墙围合，城市中的街坊、住宅、庭院均以围墙围合，构成非常封闭的"城中有城"的空间系统，每天敲"净街鼓"以警告百姓不得停留于城市街道和其他空间，人们只能龟缩于街坊和庭院内。

集市广场是中国古代最初的广场形态。在城市里，广大底层民众的文化娱乐活动常常被鄙视为"市井"文化，这恰恰体现了中国社会底层人民群众受到的歧视，尤其是在公共交往活动空间里所受到的限制。"市"是当时最具公共性质的场所，是百姓进行公共交往活动的主要空间场所。古代的"市"有大市、朝市和夕市之分。大市居中，朝市在东面，夕市在西面（如图1-46）。关于集市广场，北方称为"集"，西南地区称为"场"，广东称为"圩"。

据历史资料考证，中国古代早期的广场形态除了集市广场外，还有以剧场形式出现的广场形态。从建筑发展史来看，剧场是由露天剧场逐渐发展为室内剧场的，广场空间也由外部空间发展到内部空间。中国最初的戏剧演出场所叫"戏场"，随着社会的进步，人们的市井文化生活的发展，戏剧等演出需要在广场中设置高出广场平面的戏台，以适应观看表演（如图1-47）。广场的戏台、舞台的出现使剧场逐渐形成。可以这样讲，剧场是广场的一种特殊形式。

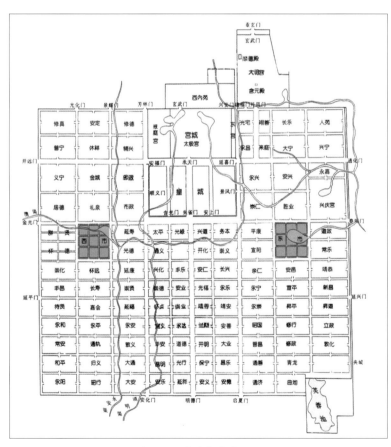

图1-46 唐代长安城平面

图1-47 中国古代露天戏场

1. 中国古代城市广场

中国古代能起到广场作用的场所，主要以三种形式出现：一是街市广场，为老百姓进行贸易、娱乐、交流的场所；二是附属皇宫的朝政广场，主要为统治者使用；三是风景区园林式广场，多与寺院园林结合，为皇家与老百姓游玩之用。

（1）街市广场。《周礼·考工记》曾记载："匠人营国，方九里，旁三门，国中九经九纬，经涂九轨，左祖右社，前朝后市，市朝一夫。"可见，当时的城市规划已明确了"前朝"空间是一个比较封闭的政治性的广场，而"后市"则是市民进行交易买卖的市场。这种一"前"一"后"的布局关系，充分表明了"朝"与"市"的地位关系，并成为以后城市规划的一种模式。

隋唐时期的长安城是我国古代城市规划的典范。据文献记载，隋唐时期的长安大街宽300步，实为220米，实际上就是一个大广场，可用于防御，也可练兵表演，还可以接受百官和外国使节的朝贺。城中均实行严格的里坊制度，坊内的住宅，居住着一定品位的贵族，是不能对着街道开门的。长安城内建造东西两个集市，集市长宽各900米，周围用城垣围绕，四面开门，集市中央是室署和平准局。其中西市内有井字形的干道，宽约16米。

北宋中后期，东京取消了里坊制度，但为了便于统治，把若干街巷组成为一厢，每厢又分为若干坊，商业性质的集市广场突破了严格控制的集中方式，沿街分布，也就是商业街的雏形（如图1-48）。

（2）皇城广场。元明清的北京城的规划布局体现了中国封建社会都城以宫室为主体的规划思想。北京城继承了过去的传统，以一条自南向北长达7.5公里的中轴线为全城的骨干，所有城内的宫殿和其他建筑都沿着这条轴线组合在一起。轴线以外城最南端的永定门为起点，至内城的正阳门为止，建造了一条笔直而宽大的大街，大街东边是天坛，西边是先农坛。大街经正阳门、大清门再向北延伸至天安门，则到了全城的中心——皇宫。在大清门和天安门之间，有一条宽阔平直的石板御路，两侧配以整齐的廊庑，也称千步廊。天安门前的御路横向展开，在门前配以五座石桥和华表、石狮，以衬托皇城正门的雄伟。进入天安门、端门，御路引导进入皇宫内部，体量大小不同的宫殿围绕着中轴线，围合成许多大大小小封闭的庭院式广场（如图1-49）。

（3）风景区园林式广场。魏晋南北朝时期，随着佛教逐渐盛行，寺院大规模兴建，不少寺院都建有园林，常常成为都城中居民游乐之处。如洛阳

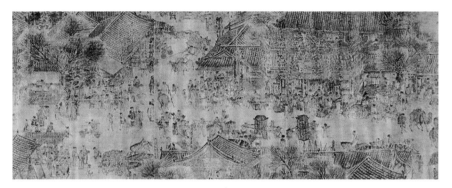

图1-48 清明上河图

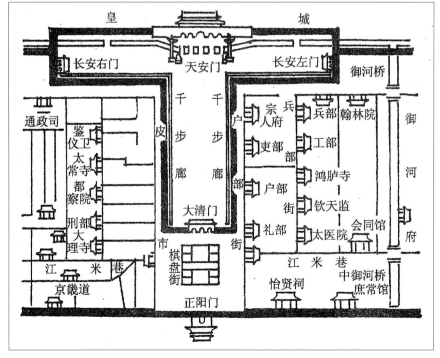

图1-49 清代天安门广场布局

的尼寺——景乐寺，最初是禁止男子入内观看的，后来才开放。每逢佛教"六斋"节日寺中常有化装舞蹈和幻术表演。这些有盛大的音乐歌舞演出以及百戏表演的佛教节日，逐渐成为都城中群众性娱乐的节日，寺庙前的广场也成为定期为市民提供聚集娱乐、表演节目的场所。

到了唐宋，佛教寺院兴盛，都城居民春游之风盛行，都城内定期向公众开放的皇家园林、寺观园林以及公共风景名胜区为都城居民提供了极好的游乐活动场所，寺观园林前的广场也成了表演歌舞和百戏的"戏场"。

2．中国近代城市广场

1840年鸦片战争开始，中国进入半殖民地半封建社会，中国的封建经济结构体制开始瓦解，西方资本主义生产方式开始冲击中国的传统生活方式，中国人民也逐渐开始接触和接受某些西方文化思想和生活方式。这一时期，在建筑文化领域，大批西方建筑在中国的城市里不断出现，广场的形式也随着西方建筑的影响而发展。

由于西方资本主义对中国的经济侵略，中国逐渐变为他们的原料产地和商品市场。大量的银行、商场、市场和娱乐场所在各个通商口岸兴起，逐渐改变了封建旧城以官署、庙宇、寺院为中心的城市布局。如上海的外滩、南京路，北京的前门，南京的大行宫、新街口等等（如图1-50至图1-52）。

图1-51　旧时上海的南京路

图1-50　旧时上海的外滩

图1-52　旧时北京的前门

3．中国现代城市广场

中国现代城市广场的发展有两个时期，第一个时期是中华人民共和国建国初期，天安门广场的改扩建，这个时期的广场以政治性集会广场为主。第二个时期是20世纪80年代改革开放以后，随着经济的发展，城市化的进程，全国各城市兴建了大量的各种类型的广场，这也是中国城市广场建设发展最快的时期。

天安门广场是首都北京最具代表性的广场。天安门广场建于明代初期，是皇宫正门前的广场。清代的天安门广场是呈"丁"字形的封闭广场。广场东南西三方各有一门，北部是广场的主要建筑天安门，南面正对大清门（推翻满清后改名"中华门"）和正阳门，东西两边分别是长安左门和长安右门。建国以后，天安门广场成为首都的中心广场，许多重大历史事件和集会活动都在这里举行，天安门成为人们心中祖国的象征。几十年来，政府为了解决天安门广场的交通、集会等问题，对天安门广场进行了多次改扩建。1959年的天安门广场改扩建工程，保留了原有的南北中轴线，打通、拓宽和延伸了东西长安街，形成了东西轴线和南北轴线交汇于天安门广场的布局。天安门广场的空间格局从小尺度、封闭、半封闭逐渐改扩建为大尺度、气势宏伟的全开敞空间。现在的天安门广场，南北长880米，东西宽500米，面积达44万平方米，可容纳100万人，是当今世界上最大的城市广场。广场上矗立着人民英雄纪念碑、毛主席纪念堂、天安门城楼、人民大会堂、中国革命历史博物馆，形成了规划统一、风格协调的完整的广场建筑群，充分体现了首都北京作为全国政治文化中心的地位和特点（如图1-53、图1-54）。

（三）城市广场的发展趋势

城市广场作为城市整体空间环境中的重要组成部分，是一个城市的窗口和标志，直接反映了城市特有的景观和文化内涵。广场的多样化和个性化是保持城市的生命力和可持续发展的关键。以往的城市广场无论其功能、内容和形式都越来越跟不上社会发展的脚步和需求，探索未来城市广场发展的趋势是全世界各个国家共同面对

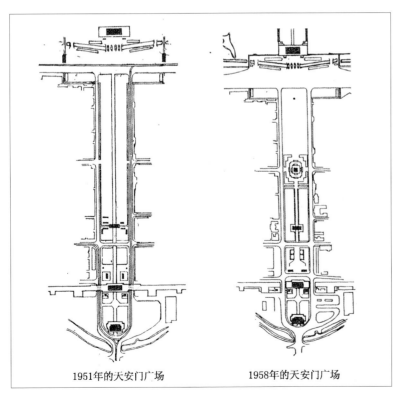

1951年的天安门广场   1958年的天安门广场

图1-53　过去的天安门广场

1.天安门　2.国旗　3.人民英雄纪念碑　4.毛主席纪念堂　5.人民大会堂
6.中国历史博物馆与中国革命博物馆　7.正阳门　8.箭楼

图1-54　现在的天安门广场

的重要研究课题。从城市发展方面来看，未来的城市广场发展将呈以下趋势：

1. 城市广场空间的多功能化、复合化和立体化

随着城市现代化进程的加速，休闲、民主、多信息、高效率、快节奏的生活方式已成为现代人的生活目标，原来功能单一、形式单调的政治性集会广场、交通广场等已经不能满足现代人的生活需求，而将以文化、娱乐、休闲为主的多功能、复合化和立体化的市民广场取而代之。

2. 城市广场类型多样化和规模小型化

随着现代化城市的飞速发展，城市的规模在不断扩大，而城市里可供市民活动交流的公共空间则越来越少。广场的规模应与所在城市、区域、人口分布相适应，充分利用临街转角处的空地，或建筑之间的空间，建设一些分散的、小规模的城市广场，或称为中心花园广场。这样可以为城市空间增添丰富的景观效果。

3. 追求城市空间的绿色生态化

随着人类环境意识的增强，保护生态环境、可持续发展观正被人们所重视。在广场设计中，应对广场所在场地的土地资源进行合理的保护和利用，对绿化品种的选择，应该遵循适合本地气候，能够改善调节微环境作用的原则。

4. 保护历史文化传统，突出城市地域文化和本土特色

不同的城市，有着不同的地域特色和不同的文化背景，这些都是经过历史的沉淀而保留下来的宝贵财富，是得到公众认可的。以丰富的历史人文背景为依托，以鲜明的民俗文化为特色，充分挖掘历史文化底蕴，使广场成为城市历史文化保护和发展的展示舞台。

三、城市广场景观设计的基本原则和原理

（一）城市广场景观设计的基本原则

1. "以人为本"的原则

在城市广场设计中提倡以人为本，主要是强调人在城市中的主人翁地位，从人的角度出发，重视人在广场中活动的体验和感受，充分体现出对使用主体的关怀、尊重，创造出满足多样化需求的理想空间，以满足各种人群的不同生理和心理需求。如在广场系统化的总体规划中，要考虑各个广场的服务半径、人的步行距离，合理布局不同规模层次的广场；处理好广场空间与城市道路的交通关系，将城市广场的步行系统纳入城市道路交通网络体系，架构合理的步行体系，保证人的安全，实现广场的"可达性"；在广场设计中，通过多种软、硬质景观的塑造以及各种公共服务设施的设置，实现广场的"可留性"；在广场设计中可以通过运用地形、绿化、铺地等不同景观要素，构筑不同空间尺度、不同封闭及开敞程度的空间，从而实现对人们多样化需求的"行为支持"。通过历史人文景观的塑造，丰富广场文化内涵，强化广场空间作为社会向心空间在公众中心的"精神场所"。广场上公共艺术小品的尺度要符合人的生活尺度。人的尺度体现了对人日常生活经验的关怀，使人产生亲切感。

2. 尊重、继承和保护历史的原则

随着城市的发展，人类在不断建造适应自身生活的建筑环境的同时，社会文化价值观念也随之更新变化。陈旧、过时的东西不断地被抛弃和淘汰。那些具有历史意义的场所却给人们留下较深刻的印象，也为城市建立独特的个性奠定了基础。这是因为那些具有历史意义的场所的建筑形式、空间尺度、色彩、符号等等，容易引起市民的共鸣，能够唤起市民对过去的回忆，产生文化认同感。

随着科学技术的进步与发展，知识文化产业在城市产业中占据日益重要的地位。城市公共空间，特别是城市广场，作为人类文化在物质空间结构上的投影，其设计既要尊重传统、延续历史、继承文脉，又必须站在"今天"的历史角度，反映历史长河中"今天"的特征，有所创新，有所发展，实现真正意义的历史延续和文脉相传。

3. 整体性原则

作为一个成功的城市广场设计，整体性是第一重要的。城市广场设计必须要体现和展示城市的形象和个性，要在城市总体规划过程中确定出清晰合理的布局，应划分出明确的广场功能，要有明确的方向性和方位的可判断性，明确广场在城市整体景观中的地位和作用。整体性是强调城市广场的多样统一的辩证关系，即变化中求得统一，统一中有变化。在城市广场空间尺度、体量组合、色调

上，对城市当地文化和历史的理解与表达上求得统一，而在细部处理和色彩上，在广场的横断面设计和地面铺装形式上进行变化，既保证城市整体景观的统一，又保证城市广场富于变化。

4．因地制宜，挖掘地域文化，彰显城市个性

任何一个好的设计都应遵循因地制宜的原则，城市广场也不例外。城市广场作为城市的形象展示区，更应该深度挖掘城市的本土文化和地域资源，充分展现城市的特色。一个具有个性特色的城市广场，不仅使市民感到亲切和愉悦，而且能唤起人们对城市强烈的自豪感和归属感。有个性特色的城市广场，其空间构成有赖于它的整体布局和构成要素。同时应特别注意与城市整体环境风格的协调，背离了城市整体环境和谐的准则，城市广场的特色也就失去了意义。

5．追求经济效益与可持续发展

城市广场不光是一个城市的形象景观所在，它也可以给城市带来经济效益，吸引游客，带动周边经济。可持续发展是人类21世纪的主题，近几年，在城市建设中，人们越来越多地运用生态城市、花园城市、绿色城市等词汇形容城市规划的科学性和合理性，这说明可持续发展的观念、生态的观念已在广大城市建设中达成共识。可持续的城市发展是可持续发展的重要组成部分，在城市广场设计中也要遵循这一点，崇尚自然，追求自然，力求人与自然的高度融合。在城市广场设计中要注意加强自然景观要素的调整、运用和恢复。

（二）城市广场景观设计的原理

广场设计是一种艺术的创作过程。它不仅要考虑人们的物质生活需求，更重要的是要考虑人们的精神生活需求。在广场景观设计中，必须综合考虑广场的各种需要，统一协调解决各种问题。好的广场设计必须具备合理的功能布局、流畅便捷的交通流线、独特的创意和构思、实用美观的艺术形态和风格，还应该具有时代性、民族性和地方性。

1．城市广场的布局

城市广场的总体布局应该把控好全局，综合考虑广场空间形态的各个因素，做出总体设计，使广场的功能和艺术效果与城市规划等因素相互协调，形成一个整体系统。此外，城市广场的空间尺度、形态构成、色彩关系、交通流线应与周边环境取得高度统一协调。

2．城市广场的构思

城市广场设计在构思阶段应该把客观存在的"境"和主观设计构思的"意"有机地结合起来。不仅要分析环境对广场可能产生的影响，还要分析广场在城市环境中的作用和特点。在设计构思阶段，应因地制宜，在尽量不大面积破坏原有地质地貌的基础上进行设计。在现代城市中，人们都希望回归大自然，所以在城市广场设计中应多创造和设计更多的"绿色广场"。但"绿色广场"不是单纯的将造园手法套用到广场设计里，而是应该追求广场景观设计构思的独创性。

3．城市广场的功能

城市广场的功能是随着社会发展和人们生活方式的改变而变化的。人们在广场上的行为、活动、心理和生理等需求直接影响到广场的功能设计。广场的功能分区一般由多部分组成，设计广场时应根据各部分功能要求而形成相对独立的单元，使广场的整体布局分区明确，使用方便。人是广场中活动的主体，所以在城市广场设计中，应合理的安排人们活动范围和行进的交通流线，使各功能区之间的联系方便、简捷、无障碍。

4．城市广场的艺术处理

在城市广场设计中，不仅要强调广场本身功能的实用性，还要注重广场的艺术效果。广场的艺术设计不仅只是广场外观的美化，而且具有更为深刻的涵义。通过城市广场，可以反映出整个城市的时代精神面貌和城市的历史文化内涵。好的城市广场的艺术设计，应该有良好的整体布局、平面布置、空间组合及细部设计等相互之间的配合，以及材料、色彩和建造技术之间的相互协调，使之形成具有艺术特色和个性的城市广场。

四、城市广场景观设计的步骤

城市广场设计应该从宏观到微观，从整体到局部，从大处到细节，从功能形体到具体构造，层层深入。

广场设计分为四个阶段：第一，设计准备阶段；第二，方案设计阶段；第三，初步设计阶段；第四，施工图设计和详图设计阶段。

（一）设计准备阶段

在设计某广场之前，首先应该得到任务书，充分了解任务书的具体要求和意向以及造价和时间期限等问题。任务书是整个设计的根据，从中可以确定设计的重点。

然后根据任务书，对广场所在场地进行基地的调查和分析。如了解场地的自然条件，包括地形、水体、土壤、植被等；当地的气象资料，包括日照、温度、风力、降雨、小气候等；广场周边的人工设施，包括建筑及构筑物、道路、交通、管线等；场地的视觉质量，包括基地现状景观、环境景观、视域；城市规划对广场的要求，包括广场的用地红线、广场周围建筑的高度和密度的控制等；使用者对广场设计的要求，特别是对广场应具备的功能和设施的要求。

（二）方案设计阶段

在对任务书和场地条件综合了解后，进行方案构思，将广场的功能和内容进行分配和布局，然后进一步深化，确定平面形状，使用区的位置和大小，周边建筑、广场设施和绿化的位置，道路基本线型，停车场地面积和位置等，作出用地规划总平面图。

（三）初步设计阶段

初步设计是广场设计的关键阶段，也是整个设计基本成型的重要阶段。初步设计在方案设计的基础上，反复推敲，深入设计，优化广场的功能布局、空间关系、交通人流关系、绿化景观、公共设施等，使之更加合理化。在进入到细部设计的时候，一定要注意对设计整体把控。在初步设计阶段，还要设计的内容包括材料的选用、广场各个局部的具体做法、确切的尺寸关系、各种构造和用料的确定、给排水等问题的处理和设计预算。

（四）施工图设计和详图设计阶段

施工图设计和详图设计是通过图纸，把整个设计意图、设计尺寸和做法表达出来，作为工程施工的可靠依据。这是从设计到施工过程中不可缺少的重要环节。施工图和详图要求明晰、周全、表达准确无误。施工图和详图是整个设计工作的深化和具体化，又称为细部设计。它主要解决构造方式和具体做法的问题，协调艺术上的整体与细部、风格与形式、比例和尺度的相互关系。施工图设计和详图设计的水平很大程度上直接影响整个广场设计的艺术水平。

五、城市广场景观细部设计

城市广场的设计必须遵循美学规律，如变化与统一、主次、对比、对称与不对称、节奏与韵律、比例与尺度等，这样设计出来的广场才是具有美感的。同样，一个好的城市广场也离不开它的细节设计，下面对广场的各个细节设计进行分析说明。

（一）广场雕塑设计

雕塑是广场设计中的主要设计元素之一。古今中外著名的广场上面，都有非常精彩的雕塑设计。有的广场是因为雕塑而闻名的，甚至有的广场雕塑成为了整个城市的标志和象征，可见雕塑在广场设计里面的重要地位和作用。

1. 广场雕塑的特征

广场雕塑一般都是永久性的。广场雕塑大多使用大理石等石材和青铜等永久性的材料制作。广场雕塑是一个时代的精神体现，其存留时间比较长，少则数百年，多则上千年，所以广场雕塑需要雕塑家和建筑师充分认识广场雕塑在社会上和某个时代所能产生的巨大精神作用。广场雕塑的内容一般都与历史人物、特殊事件有所关联，具有一定的纪念性。广场雕塑必须从属于广场的建筑环境。哲学家黑格尔在《美学》里提到过：艺术家不应该将雕塑作品完全雕好后，再考虑其摆放的地方和位置，而应在构思雕塑作品时就考虑它和外在世界的空间关系。

2. 广场雕塑的类型

根据广场雕塑的不同功能作用，可将其分为纪念性广场雕塑、主题性广场雕塑、装饰性广场雕塑和陈列性广场雕塑。

3. 广场雕塑的选题和选址

广场是城市的重要组成部分，广场必须从城市总体规划和详细规划上确定位置。城市广场雕塑应该多发掘城市的特色和历史文化背景等方面的题材，使之成为城市的标志，成为城市的特色景观。

4. 观赏广场雕塑的视觉要求

广场雕塑是固定陈列在广场之中的，它限定了人们的观赏条件。因此，一个广场雕塑的最佳观赏效果必须事先经过预测分析，特别是尺度和体量的研究、观赏的最佳角度和透视的变形及错觉的校正。

较好的观赏位置一般在观察对象高度的2～3倍远的地方，如果要将对象看得细致些，则应该前移至对象1倍高度的位置。

5. 广场雕塑的平面布置

广场雕塑的平面布置包括中心式、丁字式、通过式、对位式、自由式、综合式6种类型（如图1-55）。

6. 广场雕塑的材料设计

广场雕塑材料的选择，要考虑其与广场环境的关系，注意相互协调和对比关系，因地制宜，选择最合适的材料以达到良好的艺术

效果。广场雕塑的材料一般分为5大类：

（1）天然石材。包括花岗岩、大理石、砂岩、板岩等天然石料，其质地坚固，常用于永久性的雕塑（如图1-56）。

（2）人造石材。即混凝土等人造合成材料，其可塑性较强，可模拟出多种材质效果，一般不太适合做永久性广场雕塑（如图1-57）。

（3）金属材料。包括铸铜、铸铁、不锈钢、合金等锻

图1-56 米开朗基罗的《大卫》（大理石）

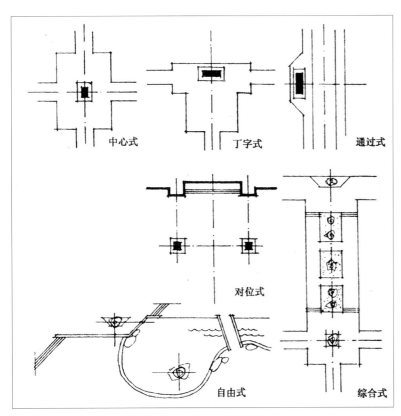

图1-55 广场雕塑的平面布置

图1-57 混凝土雕塑

图1-58　上海浦东世纪大道上的日晷（不锈钢）

图1-59　西班牙街头的彩色雕塑（玻璃钢）

图1-60　陶土雕塑

造浇铸而成的金属制品，广泛运用于现代雕塑（如图1-58）。

（4）高分子材料。即树脂塑型的材料，如玻璃钢，在现代雕塑中运用得较多（如图1-59）。

（5）陶瓷材料。运用陶土通过高温烧制而成的材料，其光泽好，抗污力强，但易碎，坚固性较差（如图1-60）。

（二）广场水景设计

水景是广场设计里非常重要的组成部分，通常我们把水景分为静水和动水两大类，静水给人宁静、安详、柔和的感觉，动水则给人激动、兴奋、欢快的感觉。水的不同运动方式所产生的声响也是不同的，我们可根据具体广场环境的需要，设计不同的水的音响。

1．广场静水设计

静水一般是水面比较平缓，高差变化不大，水体基本处于静止状态。静水能够产生很好的倒影效果，水面上的物体由于倒影效果，可给人宁静、诗意、梦幻等视觉感受（如图1-61）。

2．广场动水设计

动水一般是指水面存在倾斜度或高差，从而促使水流动形成动态的水体。动水包括瀑布、跌水、喷泉、溪涧等。

瀑布和跌水都是利用地形高差关系使水由高处往低处跌落而形成的落水景观，其形式多种多样（如图1-62）。

喷泉是广场景观中最为常见的水景设计。喷泉的布置有规则式和自然式两种，其组成部分包括喷水池、管道系统、喷头、阀门、水泵、灯光照明、电器等设备。喷泉的水姿形态和高度主要是根据喷头的构造形状及工作水压而定的，喷头所设置的位置不同，其水的形态也不同（如图1-63）。

（三）广场绿化设计

广场的绿化设计是广场设计中不可缺少的组成部分，是广场设计的主要辅助手段之一。广场绿化设计不仅可以调节整个广场区域空气的温度、湿度，吸收二氧化碳并产生氧气，有效地阻隔紫外线，吸收空气粉尘，降低噪音，而且可以增加广场的绿色景观，丰富广场的配置。

1．广场绿化的设计手法

（1）广场草坪。广场草坪是广场绿化中最为普遍的一种方式，广场草坪一般布置在广场的辅助空间里，具有开阔性，能增加广场的景深和层次感。

图1-61　安藤忠雄的水之教堂

图1-63　喷泉

广场草坪一般根据广场的用途分为休闲、游憩性草坪和观赏性草坪。休闲、游憩性草坪对外开放，可供人休憩和散步等，一般选用细叶、韧性大、耐践踏的草种；而观赏性草坪则不开放，一般选用绿色时间长、耐炎热、抗寒的草种（如图1-64）。

（2）广场花坛、花池。广场花坛和花池是广场立体绿化的主要造型要素，花坛和花池的形式可根据广场的地形、形状及广场的风格来设计，其造型也是多变化的。广场花坛和花池还可与座椅、栏杆、灯具等设施结合起来统一设计处理，也可单独设计（如图1-65）。

图1-62　瀑布、跌水

图1-64　广场草坪

图1-65　花坛座椅

图1-66　廊架

图1-67　广场绿化

（3）广场花架、绿廊。广场花架、绿廊一般布置在休闲型广场的边缘位置，起连接广场空间和点缀环境的作用，同时也为广场提供了休息、遮荫、纳凉的场所（如图1-66）。

2．广场植物配置

广场的植物配置是广场绿化中的重要环节。广场植物配置包括根据植物的种类选择树丛的组合、平面和立面的构图，还包括广场植物与广场的其他景观之间的整体设计。

不同的植物具有不同生活习性和形态特征，相同的植物在一年四季里的姿态和色彩也是不同的。因此，在进行广场植物配置时，要因地制宜，充分发挥植物特有的观赏作用（如图1-67）。

（四）广场色彩设计

色彩可以加强广场的造型表现力，丰富广场空间的形态效果。广场的色彩设计应该根据广场的性质、功能，周边建筑材料，所处气候条件等因素进行整体设计。

从广场的性质、功能上看，规模较大的广场应该采用色彩明度高、饱和度低的颜色，而规模较小的广场，其色彩饱和度则应该高些。

广场的色彩应充分借鉴广场周边建筑的表面材料和色彩效果，同时根据材料的表面工艺，如毛面和光面的不同反射效果，来达到不同的色彩效果。

广场所在的地区的自然气候条件，如日照、雨水等因素，都会影响广场的色彩设计。

（五）广场照明设计

广场的照明设计是广场设计的辅助设计之一，它能很好地提高广场在夜间的使用率，同时加强广场的夜间艺术效果，丰富城市的夜间景观。

1．广场照明光源

广场的夜间照明大部分采用泛光灯，根据照明设计的不同效果，可采用多种照明光源（如图1-68）。需要暖色效果的受光面可以采用白炽灯、高压钠灯等发黄光的灯。需要冷色效果的受光面则可以采用汞灯、金属卤化物灯等发白光的灯。光源的照度值应根据受光面的材料、反射系数和地点等条件确定。

图1-68　广场灯具

2．广场照明的实际原则

（1）采用多种照明方式，以显示广场造型的轮廓、体量、尺度等。

（2）利用照明位置的变化，近能看清广场细部的材料、质地等，远能看清广场形象。

（3）利用多种照明手法，使广场产生立体感，与周边建筑环境相协调或形成对比。

（4）利用光源的色彩，充分展示广场绿化和广场景观的特色。

图1-69 广场照明效果   图1-70 广场地面照明效果   图1-71 具有较强立体感广场照明效果

（5）对于广场水景，特别是喷泉，要保证照明有足够的亮度来突出水花的形态和立体感，可采用有色照明来丰富水景的艺术效果。

3．广场照明手法

广场照明手法一般包括光的隐显、抑扬、明暗、韵律、融合、流动以及色彩的搭配等。在各种照明手法中，泛光灯的数量、位置和投射角度是照明设计的关键（如图1-69至图1-71）。

（六）广场铺装设计

广场的地面铺装设计，关系到广场的使用年限与景观效果，同时也能反映出广场的功能与性质。根据广场的不同功能性质，可设置不同的地面铺装。

广场铺装按承重结构可分为承载性质的铺装和非承载性质的铺装。承载性质的铺装就是只供人行，不能承载车辆等重型设施的地面铺装；而非承载性质的铺装则是可供人和车辆（包括消防车）通行的地面铺装。

广场铺装材料包括天然石材、人造石材、木材等。天然石材包括花岗岩、大理石、板岩、砂岩、卵石等，人造石材包括文化石、混凝土砖、瓷砖、瓦等，木材则包括自然实木和人造木材（如图1-72至图1-75）。

图1-72 花岗岩铺装

图1-73　砖铺装

图1-74　卵石铺装

图1-75　木质铺装

图1-76　儿童游乐场

图1-77　广场上的指示牌

（七）广场小品设施设计

广场小品设施是广场设计的重要构成要素之一，它的设计好坏直接影响广场的使用功能和景观效果。广场小品设施的设计既要有很强的功能性，又须具备一定的艺术效果。

广场小品设施主要包括休闲娱乐型公共设施和服务型公共设施两大类。

1. 休闲娱乐型公共设施

休闲娱乐设施是为人们提供公共活动、休息、娱乐的公共设施，包括儿童游玩器具、游乐设施、健身器材等（如图1-76）。

2. 服务型公共设施

服务型公共设施就是在广场空间里，为人们提供休息、引导、卫生、交通、通讯等公共服务的设施，包括座椅、指示牌、灯具、饮水器、垃圾箱、候车亭、电话亭等（如图1-77至图1-79）。

广场小品设施的设计要根据广场的功能形式及当地的文化背景来统一设计，强调整体性和艺术效果，切勿杂乱。

图1-78 广场上的特色电话亭

图1-79 广场上的特色垃圾桶

图1-80 残疾人坡道

（八）广场无障碍设计

广场是人们主要的公共活动空间之一，由于广场自身可能存在高差或者与周边环境存在障碍等因素，致使残疾人群在广场上的活动受到了很大的限制。为了消除和减轻这些障碍，使残疾人和正常人一样使用公共活动空间，就必须在广场设计中考虑无障碍设计。

在广场设计中，一般存在高差的地方，我们通常会采用台阶的形式进行连接以解决高差问题。如果要让残疾人方便地通过这个有高差的区域，我们则应该在此处设计无障碍坡道，方便轮椅和残疾人通过，同时坡道的表面材料应该做防滑处理（如图1-80）。在广场设计中，还应该专门为盲人设计盲道，方便盲人在广场空间里活动（如图1-81）。

图1-81 木质铺地上的盲道

（九）广场竖向及排水设计

广场的竖向设计不仅应该解决场地内的排水、广场与道路的衔接、地上地下管网的处理等问题，还应该结合广场周边建筑的立面空间，形成良好的空间效果。

广场的竖向设计应该力求广场内的坡度平缓，场内标高低于周边建筑的散水标高，以方便排水。广场的竖向设计应根据广场的面积大小、形状、排水流向等，采用一面坡、两面坡、不规则坡和扭坡的方式设计。

广场竖向设计的纵坡和横坡，应按具体情况具体设计。在较大的广场上，纵、横坡的坡度应控制在10°～30°之间。广场内的最小坡度不得小于其排水坡度，一般为2°～3°。

广场的排水方式有明式、暗式和混合式。明式由街沟、边沟、排水沟等组成明沟排水，暗式则是用暗埋管网进行排水。

第二部分
商业街景观设计

一、街道及商业街概述

商业街是城市的有机组成部分，它不能独立于城市之外存在，与其所在的区域和城市有密切的关系，是市民日常生活的一部分。因此，商业街既是城市的商业中心，也是区域和城市文化的载体，是城市的形象和生活方式的体现。商业街在为市民提供消费、休闲、社交、聚会的场所的同时，还为增进人际交往、提高地域认同感、宣传城市形象、传承历史文化作出了贡献。

商业街景观设计是建筑形态、街道路面、街道设施和周围整体环境的综合设计，也就是人们在商业街内看到的一切视觉物体，包括建筑立面、橱窗、广告店招、标志性景观（如雕塑、喷泉）、游乐设施（空间足够时设置）、铺地、街道家具、街道照明、植物配置和特殊的街头艺术表演等景观要素的设计。商业街景观设计就是将所有的景观要素巧妙和谐地组织起来的一种艺术。

（一）街道的概述

1. 道路与街道的定义

道路（road），是指主要为线性交通需要提供的道路用地及其上部空间，是供各种车辆和行人等通行的工程设施，包括公路、城市道路、高速道路、立交桥等。

街道（street），原义指两边有房屋的比较宽阔的道路，是供人们穿越、接触以及交流的空间，是营城建屋后留下来的空间，它除承担一定交通职能外，还包括多种城市功能，是城市公共活动最频繁的场所。

2. 街道在城市空间中的意义

（1）街道是城市的框架，也是连接城市各功能区的纽带。从古至今，街道都是城市建设中的重要环节，街道的规划和布局直接影响城市各个功能区的可达性和便捷性。对城市空间来说，街道就像是骨骼一样，决定着城市空间的大格局，其意义不可忽视（如图2-1）。

（2）街道是移动的通道。人们都是在街道上移动的过程中认识城市的，因此，街道是展现城市风貌最集中最重要的载体。街道所具有的视觉特征和承载的文化内涵代表着城市空间的形象（如图2-2）。大多数人都是在街道上移动的过程中观察城市的，对城市的印象主要来源于城市街道。

图2-1　巴黎航拍图

图2-2　北京王府井商业街

（二）商业街的概述

1. 商业街的定义

商业街（Business Street or Commercial Street），是城市街道的特殊类型，它是由设计者按一定结构比例规律排列的以商业功能为主的街道，是城市商业的缩影和精华，是一种多功能、多业种、多业态的商业集合体。

2. 商业街的类型

根据服务半径的大小，可将商业街分为以下3种：

（1）中央商业街。中央商业街一词是大都市商业发展到一定程度的产物，西方国家较早地采用了这种提法，如美国纽约的曼哈顿、日本东京的银座等。中央商业街要具备以下几个特征：第一，商业特别发达。第二，有较高的社会知名度。第三，中央商业街的功能要辐射整个城市而不是仅在某一地区某一范围内发挥作用。第四，中央商业街应位于城市的黄金地段（如图2-3）。

（2）地区商业街。与中央商业街相比较，还存在地区性的商业街，即分布在各个居民住宅区、主干线公路边、医院、娱乐场所、机关、团体、企事业单位所在地的商业繁华街道。相对于中央商业街，地区商业街的主要特征是：第一，地区商业街的总体规模小，以零售业为主，是简单的商业组合，功能比较单一，比如超市、百货公司、仓储商店等，其活动范围局限在有限的商圈内。第二，地区商业街是一种社区化消费场所，不是辐射整个城市的行为。

（3）特色商业街。特色商业街即在商品结构、经营方式、管理模式等方面具有一定专业特色的商业街。它可分为两种类型：一是以专业店铺经营为特色。以经营某一大类商品为主，商品结构和服务体现规格品种齐全、专业性的特点，如文化街、电子一条街等。二是具有特定经营定位。经营的商品可以不是一类，但经营的商品和提供的服务可以满足特定目标消费群体的需要，如老年用品、女人用品、学生用品等。

3. 商业街在城市空间中的意义

（1）商业街是城市的商业购物中心。城市中的商业街已经发展成为商业服务业与零售业的有机结合体，并形成以专卖店为主、大型商场或超级市场为辅的综合性商业购物中心，可以满足消费者吃、住、游、购、娱等多方面的消费需求。

（2）商业街是城市的"名片"。如今，旅游已经成为人们消费的一大热点。游客到访某一城市，该城市的中央商业街和特色商业街几乎是游玩的必经之地。诸如北京的王府井商业街、上海的南京路和淮海路、重庆的磁器口等等，每到旅游旺季，便人声鼎沸。因此，商业街作为城市名片会在到访游客的脑海中烙下深刻的印象。

（3）商业街能盘活周边区域经济。由于商业街能最大限度的汇集人气，形成商圈，并推动周边区域相关行业的发展。因此，在新城区建设和老城区改造中，商业街的建设一般都会作为首要项目，先期进行。

（4）商业街能延续城市文脉，保留集体记忆。成都的宽窄巷子以及上海的新天地酒吧街虽然身处不同的城市，却有着共同的特性，都是具有悠久历史的街区。宽窄巷子是成都遗留下来的较成规模的清朝古街道，而新天地酒吧街则是上海独特石库门建筑的完整再现。在不断变化发展的城市中，以商业街的方式让历史街区焕发新生，存留下来的不仅仅是建筑空间，更多的则是人们对以往生活的追忆和对历史文脉的延续。

（5）商业街是市民交往的重要空间。作为市民购物、娱乐和

图2-3　上海南京路

休闲的场所，它不仅为人们提供了便捷、舒适的购物环境，更为重要的是给人们创造了可驻留、观察、交往、聚会的城市外部空间，成为城市中使用频率最高的场所之一，并逐渐成为社会活动的中心。商业街巨大的人流量以及人们在其中丰富的户外活动，使整个城市生机勃勃，充满活力（如图2-4）。

4. 商业街的空间形态与景观构成要素

从古至今，街道在城市文明的进程中扮演了极其重要的角色。除了承载交通之外，街道还有其他诸如景观、生活、商业等功能。不同功能的街道都有自身的空间形态和景观构成要素。因此，商业街的空间形态和景观构成要素的分析和研究，对加深商业街的认知有着重要的作用。

（1）商业街的空间形态。商业街是城市街道的一个特殊分支，对其空间形态的认识决不能仅仅停留在简单的几何形体空间上，而应该深入地了解它所处的周边环境，分析商业街空间形态的特征以及商业街的形态构成要素。

①商业街的形态特征。商业街可以按照不同的分类方式划分为多种类型，如专业商业街和复合商业街、单层商业街和多层商业街等等。然而，不论商业街的类型如何变化，其共有的形态特征还是可以在商业街的空间形态中找出来。

第一，对外交通方便，出入口与城市干道相连。特别是位于城市中心的商业街，其街道的始末处都与城市重要的交通干道相连（如图2-5），并依据地形状况设置小型集散广场，用以缓解大量人流给商业街带来的通行压力。

第二，街道内部封闭，由一定长度的单段或多段街道组成。通常商业街都由建筑外立面围合成较为封闭的内部空间，目的是形成较强的商业氛围，让使用者能融入到购物环境之中。在平面形态特征上，有以一条街道为主的"一"字形商业街，也有由一段主街和多段次街形成的"非"字形商业街，甚至还有由多段街道构成的集中商业街区。

第三，街道与建筑关系密切。商业街是伴随着周边建筑而存在的，或由两侧建筑围合而成，或与建筑柱廊相互渗透，或延伸至建筑内部形成室内商业街道（如图2-6）。商业街以这样多元的方式与建筑对话，形成丰富多彩的街道空间形态，带给使用者别样的空间体验。

②商业街的形态构成。任何一个空间的形态构成，无外乎空间的边界、尺度、序列、层次等等。对开放性较强的商业街而言，边

图2-4 成都春熙路

图2-5 北京王府井商业街出入口

图2-6　日本心斋桥商业街

图2-7　哥本哈根街头

界和尺度是决定其形态的两大因素。

　　A．边界。边界是空间形态的线性要素，围合街道的建筑外立面形成了街道的界面。街道中的人的活动主要是在这个界面内发生的，在这种一个空间和另一个空间的过渡区，可以同时看到两个空间，因而是人们最乐于逗留的区域（如图2-7）。心理学家德克·德·琼治在他的"边界效应理论"中为使用者的这一行为作出了解释，他认为："森林、海滩、树丛、林中空地的边缘都是人们喜爱的逗留区域……可以被解释为人类出于安全的本能考虑，或者是处于空间的边界为观察空间提供了最佳的条件……"此外，克里斯托夫·亚历山大在《建筑模式语言》中也对边界的重要性做出了这样的评价，他说："如果边界不复存在，那么空间就决不会富有生气。"可见，作为空间边界的街道界面，是决定街道空间形态的主要因素之一，不同的边界处理方式能形成风格迥异的街道空间形态。

　　边界的柔和过渡。街道界面的柔和过渡是商业街边界处理的常用手法，它非常强调边界的实体性和连续性，也就是内外分割性和内向性。而对边界实体性和连续性的强调在物质形态构成上表现为对"墙"的极大关注。墙作为边界，划分内部的建筑空间与外部的街道空间。但是内部与外部的划分并非总是截然不同的，常存在中介层次，也就是建筑学里定义的"灰空间"，表现为空间形态就是廊式街道。

　　在传统的商业街中，以四川东部的廊式街道最为著名。街道中的建筑一般都有

图2-8 罗城古镇

图2-9 北京烟袋斜街

很深的出檐，檐下常成为最富有生气的空间（如图2-8），所有商业活动都在廊式街道中展开，一定程度上克服了气候给商业街带来的负面影响，并形成了内部建筑与外部街道之间的柔和过渡，增强了人们的空间体验，有效地延长了人们在街道中的驻留时间。所以，这样的边界处理方式在现代商业街中也屡见不鲜。

边界的凹凸变化。街道空间具有突出的路径属性，负担着城市的公共生活，因而除了由建筑围合而成的街道界面之外，还有众多滞留、半滞留性空间（如图2-9）。如《建筑模式语言》中所说，"务必把建筑物边缘看做一件'实物'，一个场所，一个有体量的区域，而不是没有厚度的一条线或边界。使建筑物边缘的某些部分凸出，以造成引人逗留的场所。要形成一些有深度和有遮盖的场所，可以使人坐着、倚靠和散步的场所……"

可见，在街道空间中，凹凸变化的边界不仅丰富了街道空间层次与形态，还在很大程度上克服了平齐的街道界面带给使用者的视觉疲劳感，也为人们提供了可停留的场所。这一点对于具有商业功能的街道尤为重要，只要能留住街道空间内的使用者，就有可能增大他们购物消费的机率，并形成生机勃勃的商业氛围。

B．尺度。环境意义表达是一种非语言的表达方式。人主要通过视觉接受周围的信息，视觉根据不同的感知对象具有不同的工作范围。我们的目的是研究公共空间中人与人的交流，视觉的感受对象是人，这就为视觉划定了明显的界限。

街道尺度与公共程度分级。城市街道分级是根据街道空间的公共性和私密性程度以及它们相对应的尺度而定的。

街道完全公共。这样的街道是城市主要的商业街。街道宽度在10~25米之间，建筑高度与街道宽之比为H／D≤1（如图2-10），是较为开放的围合。街道的行人可以是任何人。陌生人之间的接触是最轻度的，仅限于注视、旁观。这种形象的接触发生最多，街道提供的尺度与发生最多的活动内容取得一致。

由高度公共的街道进入半公共街道。这样的街道多为特定片区商业街道，满足附近区段居民日常生活。街道宽度一般在4~10米之间，建筑高度与街道宽度之比为1≤H／D≤1.5（如图2-11），是令人感到舒适的围合。街道的行人主要是这一区域的人，人与人之间既有陌生的，也有熟悉的，所以可能发生一切较为拘谨的交往。如熟人在路上打招呼，或商贩招徕顾客，又不妨碍他人，这样形式的交往数量较多，街道也提供了适宜的尺度。

由半公共的街道再进入半私密的街道。这样的街道为片区商业街之间相联系的、通向居住的主干街巷，街道宽度一般在1.5~4米之间，建筑高度与街道宽度之比为H／D≥1.5（如图2-12），是令人感觉到封闭的围合。在街道中的行人，主要是居住在附近的、较为熟悉的邻里好友，交往主要是日常休息中的交谈、娱乐。街道也提供了适合情谊的外部空间。

（2）商业街的景观构成要素。鲁道夫斯基在《人的街道》一书中指出："街道是母体，是城市的房间，是丰沃的土壤，也是培育的温床。其生存能力就像人依靠人一样，依靠于周围的建筑。完整的街道是协调的空间……街道正是由于沿着它有建筑物才成其为街道，摩天楼加空地不可能是城市。"因此，当我们描述一条街道的景观时，自然是对整个街道环境总体感受的概括。人们对街道的感知不仅涉及其路面本身，还包括街道两侧的建筑物、内部的植被、灯光、广告牌、立交桥等等。城市街道景观主要是由动态和静态两种要素构成的。

①构成商业街景观的静态要素。商业街景观的静态构成要素可分为自然景观要素和人工景观要素两大类。

A．自然景观要素。每个城市都有自身得天独厚的自然条件，或山或水或地形的变化。商业街的布局应充分利用这些自然资源，

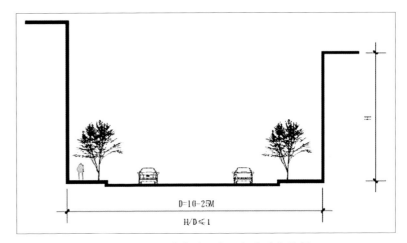

图2-10　全公共街道尺度示意图(唐毅绘制)

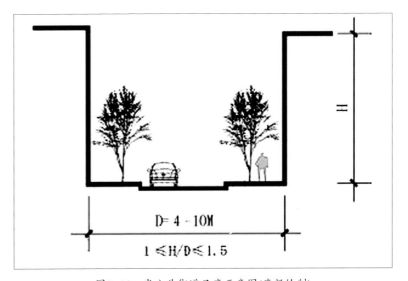

图2-11　半公共街道尺度示意图(唐毅绘制)

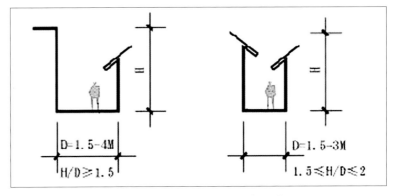

图2-12　半私密及私密街道尺度示意图(唐毅绘制)

图2-13　重庆洪崖洞商业街

图2-14　东京博波水城商业街

使街道空间具有本土特色，体现城市独特形象。商业街的自然景观要素大体可以分为地形地貌、植被、水体和气候四类。

a．地形地貌。地形地貌是最为直观的自然景观要素，可以为街道带来富有个性的风格特点。在商业街景观设计中有意识地结合地形地貌，就能形成与地形地貌特点相适应的视觉特征，加之与地域文化相结合，便能在满足基本使用功能的基础上，形成展现城市特色与个性的商业街道（如图2-13）。

b．植被。绿化是商业街环境中重要的景观元素，可以美化街景，衬托和加强城市面貌。街道绿化是街道环境设计的重要内容之一。商业街环境的植被包括乔木、灌木、藤本、花卉、草坪及其他地被植物（如图2-14），它们除了能维护生态平衡、保护环境之外，还能调节商业街内的小气候，为使用者提供舒适的休憩、娱乐场所。

商业街绿化要充分考虑当地气候条件、地方特点、道路性质、交通功能以及商业街环境与建筑特点等多方面的要求，要把绿化作为商业街整体环境的一部分来考虑。

c．水体。江、湖、河、海等水体在为市民提供生活用水的同时，还在改善气候条件、营造城市景观等方面发挥着重要的作用。水体是城市中宝贵的自然景观资源，也是设计师造景的主要素材，在城市景观组织中也是富有生气与动感的元素之一（如图2-15）。

在具备自然水体的情况下，商业街的设计应充分借助和结合水体，将重点放在街道的行人视线组织上，并注意保护原有河岸特殊的自然景观，以便形成动感流畅的景观水体，为街道景观增添色彩。

d．气候。云、雾、雨、雪、日出、日落、

图2-15　济南泉乐坊步行商业街

朝霞、暮晖都是城市街道景观设计可利用的自然景观要素。在城市街道景观设计时可以将蓝天、白云作为城市轮廓的背景，可利用雨、雾营造别样的空间氛围（如图2-16），也可利用皑皑白雪美化寒冷的冬季。在朦胧初开的黎明或在重归混沌的黄昏，利用适宜的城市天际线创造优美的商业街景观。

B．人工景观要素。商业街的人工景观要素实际上是通常所说的商业街空间的构成元素，它直接影响着商业街空间的形象与气氛。构成商业街的人工景观要素大致可以分为：建筑（围合空间的垂直界面）、路面（塑造空间的底界面）、街道交通设施和街道小品。

a．建筑。城市街道空间的边界主要部分是建筑。日本建筑师芦原义信在《街道美学》一书中写到，"街道，按意大利人的构思，两旁必须排满建筑形成封闭空间。就像一口牙齿一样由于连续性和韵律而形成美丽的街道。"（如图2-17）鲁道夫斯基所著的《人的街道》中讲到："街道正是由于沿着它有建筑物才成其街道，摩天大楼加空地不可能是城市。"由此可见，建筑是街道空间环境中最重要的人工景观要素，对于从属于城市街道的商业街也是如此，在其设计中应注意围合街道的建筑垂直界面的设计，并通过店面形象和建筑立面设计营造商业氛围。

图2-16　喷雾景观

图2-17　街道立面

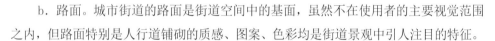
图2-18　街道铺地

图2-19　街道设施

　　b．路面。城市街道的路面是街道空间中的基面，虽然不在使用者的主要视觉范围之内，但路面特别是人行道铺砌的质感、图案、色彩均是街道景观中引人注目的特征。

　　商业街路面设计首先要根据交通功能的需求，对路面材料、结构形式等加以选择，以提供有一定强度、耐磨、防滑的路面，同时也要注意视觉的感受。路面色彩的运用要注意色调、浓淡、质感等因素，还应注意当地气候、街道的性质、周围环境的配合等，达到与街道空间中其他人工景观要素的统一与协调（如图2-18）。

　　c．街道设施。丰富、精致的街景离不开"街道家具"的设置，它主要包括座椅、IC电话亭、时钟、垃圾筒、路标等设施。这些"街道家具"不仅具有实用功能，还可以通过合理设计与商业街的总体风格相协调，契合设计的主题，形成个性鲜明的商业街道（如图2-19）。

　　d．街道小品。城市街道小品种类十分丰富，在商业街上，诸如街头售货亭、花坛、雕塑、公共艺术、喷水池以及围墙等均属街道小品（如图2-20）。街道小品可以打破街道沉闷乏味的气氛，与街道设施一同体现设计主题，成为活跃街道空间的景观要素。有些互动性较强的街道小品，还能让人们参与其中，借以吸引人气，营造浓厚的商业气息。

　　②构成商业街景观的动态要素。在商业街景观设计过程中，应着重考虑使用者

图2-20　街道小品

图2-21　人潮拥挤的商业街

图2-22　古埃及洪城

的心理与行为特征，思考他们在街道空间中有哪些活动存在。人们在街道上的各种活动是设计的前提条件，也是构成商业街景观最为重要的动态要素（如图2-21）。如杨•盖尔所说："活动是引人入胜的景观要素。"尤其在需要营造商业气氛的商业街，人的活动更是不能缺乏。人们在其中或停留，或观看，或三五成群的闲逛，熙熙攘攘的人流给商业街带来乐趣和活力，人们也通过这样的空间相互交流，各自获得行为与心理满足。

因此，只有通过宜人的街道景观设计，为商业街中的人们提供包括购物、交往、休憩、观赏、闲逛、表演等活动的场所和空间，才能留住人们，使街道景观不脱离人的活动，让商业街充满活力。

二、商业街的发展历史

街道是随着集镇的形成而产生的，人们在建造房屋后留下一些空间，其中供人们穿越、接触以及交往的线性空间就形成了街道。古罗马建筑师维特鲁威早在1世纪就在其《建筑十书》中明确指出："城市建筑分为城区公共建筑和私人建筑两部分，两者之间的街道系统的建立是最重要的关键步骤。"

纵观东西方城市发展史，商业街这一空间场所均出现在东西方的城市空间中，但由于地理、气候、生活方式及文化内涵的不同，东西方的商业街展现出不同的发展历史。

（一）西方传统商业街的发展历史

西方城市的起源是以希腊的城邦制度为基础的，这样的制度不仅打破了家庭作为独立生产单元的体制，形成了以地缘为基础的人群结合方式，还伴随产生了影响整个欧洲的民主政治体制。这种民主思想意识对希腊后期米列都城以及罗马帝国时代的城市建设与布局产生了重大的影响。为了满足公众进行政治活动、体育竞技、演说、诗歌、音乐会等社会活动的需要，西方城市便以许多大型公共建筑群，如斗兽场、教堂、浴场、剧院和广场等公共活动场所为城市中心。

如此的城市建设与布局模式以及民主思想意识，使得西方的传统商业街有着与中国传统商业街不同的发展历程和空间秩序。

1. 街道的发展历程

街道作为城市的重要构成元素，早在古埃及时期，城市规划者们就已经开始应用棋盘式路网对城市内的街道进行布局（如图2-22），这对其后

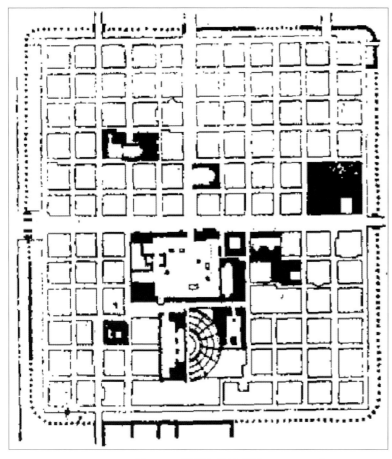

图2-23　提姆加德城遗址

图2-24　巴黎凯旋门

古希腊希波丹姆规划形式的形成有着重要影响。而古罗马时期的提姆加德城的道路系统则以Cardo和Decumans两条街道作为轴线，将城市分为4个区，呈方格状路网。Cardo为南北主要大街，代表罗马人心目中的世界轴线，而东西向的Decumans街，则代表太阳的升起与沉落，象征生命的诞生与死亡（如图2-23），这样的街道系统体现了罗马人征服世界的野心，并形成了西方城市规划建设中街道系统方格网状的基本形态，一直沿用至中古时期。

17世纪后半叶，古典主义在法国建筑界占绝对统治地位，形成了有秩序、有组织的审美规则，使法国巴黎形成了一种城市街道系统的新典范。这种系统由无数向外扩张的放射性道路组成，体现出一种向外无限延伸的理想（如图2-24），同时也反映了当时追求抽象的对称与和谐，寻求纯粹几何结构和数学关系的城市规划思想，对西方后世的街道规划有着重要的影响。

2．西方商业街的出现

西方的哲学思想和政治思想都崇尚民主，古希腊时期就已经开创了世界民主的先河。在这种民主体制的氛围中，许多公共活动都在户外进行，人们习惯于在教堂祈祷，在公园休息，在广场与街道聊天的生活方式，街道成为人们生活的一部分，不只为了交通，而是作为共同体存在。就像美国的威廉·怀特所说的："街道存在的基本理由，就是它向人们提供了一个可以面对面接触的中心场所。"

西方的商业街作为线性的外部空间，不仅连接了城市中心的主要广场，更为重要的是它与广场一同形成了城市中的外部空间体系，成为西方城市空间组织的重要组成部分。商业街与广场作为西方民众在城市中的户外生活中心，让人们流连于其中，或购物，或休憩，或交往，或观看，展示出一派生动的城市形象（如图2-25）。

（1）西方商业街的雏形。最早的西方商业街可以追溯到公元前4世纪后半叶的古希腊时期，当时的商业街一般都与城市中心广场相连。阿索斯（Assos）城是古希腊时期著名的城邦，它的中心广场两侧有大尺度的敞廊，敞廊高两层，市民在廊中进行商品交易。有时，这些敞廊被隔为两进，后进设置单间的店铺，用于商业活动（如图2-26）。这种城市中心敞廊也与相接的街旁柱廊形成长距离的柱廊序列，并将敞廊内的商品交换活动延伸至街旁柱廊，于是就形成了西方商业街的雏形。

西方商业街在诞生之初就与城市广场有着密不可分的联系。在西方城市空间中，商业街与广场一同成为城市中重要的商业活动空间。

（2）中世纪的商业街。中世纪的欧洲，教堂占据着城市的中心位置，商业活动只能在市场广场进行。此时的商业街开始逐渐渗透至居住区，并以形成专业店铺经营的商业街。

中世纪城市被划分为若干个教区。教区范围内除了分布一些小教堂、水井和喷泉之外，市民的住宅也是重要组成部分。一般市民的住所往往与家庭手工作坊结合，住宅底层通常作为店铺和作坊，上层作为居住空间。由于同行者多聚居一条街道，商业街便以铁匠街、木匠街、织布街等命名。

这一时期商业街的特点是分行划市、零星分布、时间固定，并于道路两侧形成相邻店铺群。

（3）近代资本主义时期的商业街。通过资本的原始积累和文艺复兴，资产阶级的势力和影响日益壮大。18世纪60年代，英国发起了第一次工业革命，促进了资本主义大工业的产生，引起了城市结构的深刻变化。大工业的生产方式，大大的刺激了商品经济的发展，各种商业服务机构在市中心聚集，并形成商业中心。

图2-25　法兰克福罗马广场

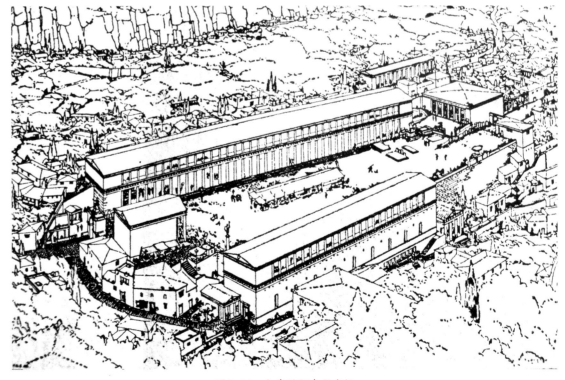

图2-26　古希腊阿索斯广场

城市广场及商业街景观设计　47

图2-27 法国香榭丽舍大街

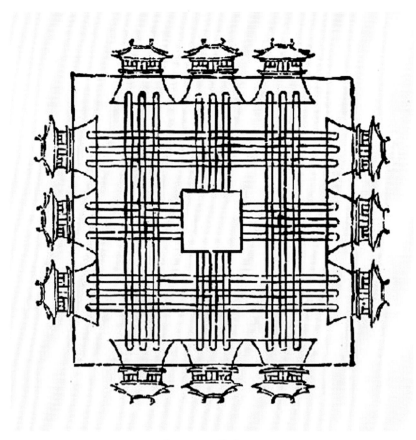

图2-28 三礼图

这时的商业街集中分布于城市的商业中心，业态也由以前的单一型向多业态转变，经营时间也逐渐延长，其特质更加接近现代城市的商业街。

（4）60年代的步行商业街。随着西方国家汽车工业的飞速发展，城市中心人口大量迁移到郊区居住，出现城市空心化和城市中心商业衰退的现象。从60年代起西方掀起了一场复兴城市中心和改善城市环境的运动。政府通过兴建步行商业街，使在城市中心生活人们同样可以拥有安静、繁荣、方便的购物、休闲及娱乐场所。可见，城市步行商业街的出现是城市发展的必然选择，亦是是城市魅力的真实体现（如图2-27）。

（二）中国传统商业街的发展历史

在中国，"街道"的由来是有历史演变过程的。西周时期，人们把能通行两辆马车的地方称做"道"，能通行三辆马车的地方称做"路"，而通行一辆马车的称做"途"，"街道"是"道路"的子集。

从中国汉字的构成来看，"街"为双人旁构字，人气要旺；"行"被拆分在"圭"的两边；"道"是走字底构字，以通行为"首"。从构字的角度来看，"街"是人行为主，且要人熙熙攘攘，才能称之为"街"。"道"强调了它的通行能力，承载交通量才是它的本质。

中国传统街道是在自然经济结构中产生的，以血缘、家庭为纽带的家庭本位文化影响着中国传统街道的发展。家庭的生活场所——"院"成为了中国传统街道空间的主体，并建立了严格的内部秩序。

中国传统商业街的发展可分为两个阶段：一是街道的形成，二是商业街的出现。

1. 街道的形成

中华民族历史悠久，早在夏、商以前就有了城市建设的实践，春秋战国时期已有完整的记载，如《周礼·考工记》曾记载："匠人营国，方九里，旁三门，国中九经九纬，经涂九轨，左祖右社，前朝后市，市朝一夫。"其中的"九经九纬，经涂九轨"就是对城中街道格局的描述（如图2-28）。同时还对街道的宽度等作了详细的界定如"经涂九轨，环涂七轨，野涂五轨"及"环涂以为诸侯经涂，野涂以为都经涂"。可见，早在周朝，街道就随着城邑的建造出现在市民的日常生活中，并逐渐发挥着其在城市中的重要作用。

随着封建制度的不断发展，城市的格局也随之产生了变化。隋唐是中国封建制度发展的鼎盛时期，统治者建成了古代全世界最大的城市，成为我国严整布局都城的典型。隋唐长安的道路宽度可以说是空前绝后，大多超过实际的需要。但是其街道大多只是划分城市不同功能空间和坊间的通道，功能也单一，只有交通和划分里坊的作用（如图2-29）。城市中均实行严格的里坊制度，坊内的住宅，居住着一定品位的贵族，不能对着街道开门。因此，商品交换只限于几个固定的市肆，街道景色毫无生气，这时的街道甚至都不能赋予街道文化的含义。

纵观中国城市的发展史，我们可以看到国之秩序为"左祖右社，前朝后市"，家之秩序为"北屋为尊，两厢次之，例座为

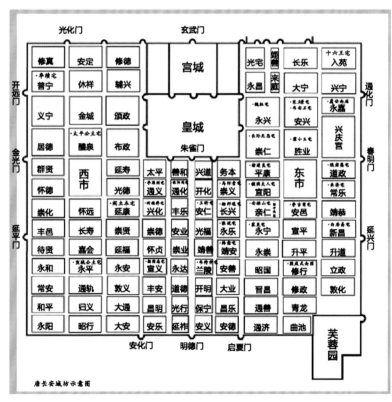

图2-29　唐长安城平面图

宾"。中国封建社会统治达到顶峰的唐代，其社会对"礼制"的运用达到了极致，淡薄了城市的公共空间。直至宋代，随着商业街的出现，情况才有所改观。

2．商业街的出现

中西方有着截然不同的哲学思想，这使得他们的城市空间的组织形式也呈现出不同的形态。商业街作为重要的商业活动与户外交往空间，其在中国的发展的历程与西方有着不小的差异。

（1）中国最早的商业街。早在唐朝时期，城市中就已经有区别于集市贸易和单体店铺的商业街存在。长安城著名的商业街区东市和西市就是中国出现最早的商业街。东、西二市约900×900米，市内有东西和南北向街道各两条，成井字形。但是由于封建统治和"礼制"的限制，东西市有一定的开闭时间。

市中有肆和行，"肆"意为店铺或手工作坊，而同样性质的店铺集中在一起则称之为"行"。东、西市进行的商业活动有很大差异，东市集中着为贵族和官僚服务的商业机构，西市分布着很多外国商人的店铺。

与以往的"日中为市"相比，唐朝的商业活动已经发达了许多，出现了集中的商业街。但是如此大的国际性都市，仅有两个开闭时间受限的市，也反映了商业不够繁荣，市民与商业街关系不密切的问题。

（2）商业街的发展期。宋元时期，城市的发展、经济的繁荣和市民阶层的抬头，促使城市的布局和面貌较之隋唐有了较大的改变。布局严整的坊里和集中的市肆格局被打破，取而代之的是店铺密集的商业街。

都城开封的街道基本都比长安、洛阳窄，《册府元龟》卷十四载："……其京城内街道宽五十步者，许两边人户各于五步内取便种树掘井、修盖凉棚；其三十步以下至二十五步者，各与三步，其次有差。"可见，市民对于城市街道的使用率更高，街道的功能也从单纯的通行发展到休憩与人际交往。此外，由于城市人口激增，建设用地缺乏，不可能形成像长安那样占地面积过大的街道，但这却在空间尺度上接近了人的适宜尺度，为形成生动的街道生活创造了客观条件。

随着经济和城市手工业的发展，开封的市肆街道不仅仅分布在

"市"内，而是分布在全城，与居住区混杂。在城市线性空间的边界，诸如沿街、沿河等具有商业价值的区域（如图2-30），开设各种店铺，聚集人气，甚至还有通宵营业的地方。此时的街道，已超越单纯通行职能，具备商业、休闲和交往的功能，形成商业街道。

（3）成熟的传统商业街。商业街在明清时期得到进一步的发展，一些大型的商业街和商市逐渐成为城市生活的中心。在商业街内靠近道路交叉口的地段，由于交通便利，人流集中，使得这些地段具有更大的商业效益，因而店铺及其他商业服务设施如饭店、茶楼酒肆等都集中于此，形成商业中心。对小城而言，商业中心一般位于十字路口的各侧。那些规模较大的城市则在主要道路交叉口处形成闹市，如明清成都的春熙街、总府街、提督街等处形成了商业中心。

明清时期的商业街，较宋元时期更加成熟。此时的商业街多位于市中心，业态丰富，店铺集中，这样的街道在很大程度上已经接近现代意义的商业街区，是中国传统街道的最典型体现。

综上所述，通过分析对比中西方城市街道的发展及特点，可以看出，中西方不同的哲学思想是城市形态差异的最本质原因。这也是使中西方城市的空间组织形式也有明显不同的因素。同时，当地的文化、使用者的心理、礼仪、信仰及生活方式也扮演了重要角色。

三、商业街景观设计的基本原则

对生活在城市中的人来说，商业街不是建筑、步行路和停车场的几何布局，它的作用不仅仅是有效地利用商业用地，也不仅仅是为人们提供一个购物之所，而应该是一个可休憩、可聚会的场所，是一个户外生活空间、各种活动和事件的场所。

在研究商业街的设计方法之前，首先应明确设计商业街必须遵循的基本原则，并将这些原则贯穿于整个商业街景观设计的始终。

（一）"以人为本"的原则

"以人为本"是各类设计的首要原则，它包含以下几个方面的要求：

1. 设计服务于使用者需求

设计中的"人"即"使用者(user)"，是各类设计最终的服务对象。设计者应按照使用者的需求来设计物品或空间。在商业街景观设计中也是如此，景观设计师在对商业街进行规划时，必须充分地了解空间使用者的需求，以确保街道空间的设计是服务于使用者的设计，而不是服务于设计师或投资商的设计。正如斯蒂芬·卡

图2-30　清明上河图

尔在《公共空间》一书中所说："如果设计不立足于对社会的理解，它们就可能退而求助于几何学的相对稳定性，青睐于对意义和用途的奇思臆想。设计师和委托人就可能轻易地把好的设计同他们强烈追求视觉效果的欲望混淆起来。公共空间设计对公共利益的理解和服务负有特殊的责任，而美学只是其中的一部分。"

2. 增强各类人群的可达性

商业街是城市的外部空间，也是市民的共享空间，所有市民都有权进入并使用它。在规划设计中，应充分考虑各类人群的可达性，避免因设计不当，而使部分市民无法共享街道空间。这要求设计师重视一些特殊人群，如老龄人和残疾人在商业街中的活动场地和设施参数（如图2-31），也就是常说的无障碍设计，为他们进入商业街并在其中活动提供便利。通过合理设计体现对特殊人群的关心和尊重，使他们感到自己是社会的重要一员，并在生活中逐渐形成认同感和自豪感。

3. 关注不同人群心理层面的需求

人对于街道空间的基本心理需求包括安全性、舒适性、私密性等等，这种对商业街空间的认知随着不同的人群而有不同的表现。商业街设计要提供相适应的空间氛围，通过布局、形式、尺度、色彩、质感等赋予空间以特定的属性，来满足居民的心理需求。

以私密性为例，无论在公共性空间、半公共性空间、半私密性空间和私密性空间，居民都有私密性的需求，只是随着空间属性的差异和人群的不同，这种需求有强弱之分。越封闭的空间私密性越强，反之，越具开放性的空间私密性就越弱。对于那些徜徉在街道空间中，期望从观看或参与别人的活动中寻找乐趣的人来说，私密性在此时已经降到了最低点，因为他们总是在人群里不断地穿来穿去，暴露在公众面前。而那些希望找到一个较为安静的地方，静静地聊天或是休息的人，一个位于街道空间边界的半遮蔽型的小空间就是他们的最佳选择（如图2-32）。对他们来说，那里不仅相对寂

图2-31 商业街盲道

图2-32 亚空间

图2-33　体现三峡文化的沙坪坝步行街

图2-34　成都宽窄巷子

静，而且又能观察到街道空间里发生的事情。

从以上对私密性这个心理需求的分析中，可以看出不同的人群在商业街空间中的心理需求是不同的。因此，在商业街设计中，设计师只有用心地关注不同人群心理层面的需求，把它与具体设计紧密地结合起来，才能创建出人性化的商业街空间。

（二）尊重、继承和保护历史的原则

街道是一座城市的橱窗和走廊，它展现了城市的形象，而商业街更是具有城市名片的作用。在设计中，尊重、继承和保护城市历史，能很好地弘扬当地文化，延续城市历史文脉。

1. 尊重当地地域文化

和人类一样，每个城市都有自己的个性，拥有属于自己的地域文化。地域文化的形成是一个长期的过程，它最能体现一个区域或一个空间范围的特点与文化类型。正如司马迁在《史记》里所说："百里不同风，千里不同俗。"不同地域的城市由于经济社会发展程度不同，地理因素、历史沿革不同等原因，形成了带有本地区特色的文化。

在商业街景观设计中，对于地域文化的尊重是一条重要的设计原则。城市中的商业街，若能在尊重当地地域文化的基础上，用合理的设计反映当地的地域文化，必将为市民带来一处具有良好归属感的休憩场所，也会给城市增添独特的地域形象（如图2-33）。

2. 延续地区历史文脉

城市从形成到发展经历了漫长的时期，有些城市甚至已有2000多年的历史。在城市不断发展变迁的过程中，一些历史建筑、文物古迹等被保存下来，作为人们对城市的集体记忆封存在城市的核心地带（如图2-34）。

为了延续城市的历史文脉，让后人更好地了解自己城市的起源与发展，可在城市规划中，有意保留部分历史街区，将之设计成为具有历史风貌的商业街。这样一方面能够通过商业带动旧城区的复兴，恢复旧城区的活力；另一方面，历史性商业街的规划与设计，能在某种意义上满足市民追忆历史的心理诉求。

尊重、继承和保护历史是城市发展的重中之重，在商业街设计中也是如此，城市会因为这些存留的历史而生生不息，具有独特的魅力。

（三）整体性原则

作为一个成功的商业街景观设计，整体性也是重要原则之一。城市街道景观的设计必须体现和展示城市的形象和个性，要在城市总体规划过程中确定出清晰合理的街道布局，划分出明确的街道等级，要有明确的方向性和方位的可判断性，明确各条街道在城市整体景观中的地位和作用。

整体性强调的是商业街景观的多样统一的辩证关系，即变化中求得统一，统一中有变化。成都的琴台路（如图2-35），不仅在街道空间尺度、两侧建筑物的体量组合、色调以及对当地文化和历史的理解与表达上求得统一，而且在细部处理、色彩、街道的横断面设计和地面铺装形式上进行变化，既保证城市整体景观的统一，又保证商业街变化的丰富多彩。

（四）营造消费氛围，适应使用者消费心理的原则

商业街是一种多功能、多业种、多业态的商业集合体，它最首要的功能就是如何让商业街更繁华，吸引更多的人流，实现更大的消费。因此，营造消费气氛，适应使用者消费心理是不可或缺的设计原则。

1．业态分布

商业街的业态分布是吸引使用者前来消费的决定因素之一。对商业街的业态、业种进行合理的规划引导，能很大程度上营造消费氛围，带动相关业态的良性发展，激发使用者的消费需求（如图2-36）。

图2-35　成都琴台路

图2-36　重庆解放碑步行街

2．适应使用者消费心理

在现实生活中，每一位消费者的购买行为都多多少少地存在着不同。商业街要想适应使用者的消费心理，就应该从最本质的问题入手——分析使用者的消费心理。人的消费心理受两大最主要的因素影响：一是地域，二是所在社会阶层（年龄、性别也算入其中）。可见，商业街位于城市的哪个地段，这一地段的社会阶层的生活方式、消费方式有哪些特点，都会直接影响商业街的存在与发展。唯有适应使用者的消费心理，商业街才能立于不败之地。

（五）追求经济效益与可持续发展的原则

追求经济效益与可持续发展是商业街设计中的一个现实问题，任何设计都必然会受到经济因素的制约，而可持续发展则是设计必须遵循的原则之一。

1．经济性的追求

在商业街设计中对于经济性的追求，主要体现在生产性与有效性两个方面。生产性指商业街设计明确商业街所处的地理位置、气候条件、地质水文条件等相关信息，以增强环境系统内部的良性循环与优化，实现物质与能量的高效利用，尽量减少因设计改造而对自然环境造成的破坏。

有效性原则是指消耗最小的原则，也就是要以最小的消耗达到所需的目的。在商业街的景观设计中，所有场所和设施的设计要以合理、省力、方便、低消耗、低成本为原则。

2．可持续发展

可持续发展是一种注重长远发展的经济增长模式，既满足当代人的需求，又不对后代人满足其需求的能力构成危害。在商业街的景观设计中，应注重对整体环境的再创造，通过环境的改善和人性化服务设施的设置，使商业街形成自我发展的良性态势。

四、商业街景观设计的步骤

商业街景观设计是一门建立在广泛的自然科学和人文艺术学基础上的应用学科，它与建筑学、城市规划、市政工程设计等学科有密切的关联，如何对它进行规划与设计是本章研究的重点。

商业街以其多样的商业活动、灵活的空间布局、别样的消费感受、丰富的文化内涵成为城市空间中具有独特魅力的场所。商业街景观设计的程序大致可以分为项目前期策划、项目现状调查与分析、项目规划与设计三个步骤。

（一）项目前期策划

任何类型的设计，前期的策划是必不可少的，尤其是商业街这样的商业地产项目更要将前期策划作为设计之初的必要工作进行。

1．市场研究

（1）消费者群体目标对象的选择。消费者群体目标对象的选择，指的是商业街消费者主体的界定，也就是商业街所能吸引到的、在商业街内有消费意愿的消费者群体。分析消费者主体，应该考虑商业街的地理位置及商品设置两个主要因素。从地理位置因素来看，市中心的商业街可以在较广区域的人口中再进行细分，而较偏僻地区的商业街，就应着重选择该商业街所能辐射到的一定区域的人口。从商品设置的角度来看，以日用品为主的商业街应重点考虑周围居民的人口因素，而以耐用品为主的商业街，其辐射区域就要大得多。

（2）商业街市场定位所应考虑的消费者因素。其一，消费者的数量。一定数量的消费者是建成一条商业街的先决条件，也是确

图2-37　日本六本部商业街

定一个商业街规模大小的基础（如图2-37）。

其二，消费者的性别、年龄结构。随着人们生活水平的日益提高，性别、年龄的不同在消费中所体现出的差异越来越明显，不同性别、年龄结构的人在购买力、消费心理及消费层次上的差异是很大的。

其三，消费者的文化程度。消费者的文化程度，是人口素质中的一个重要部分，对商品需求的影响相当明显。人们的市场需求随文化程度的变化而不断变化。文化素质较高的消费者对文化消费等发展资料的市场需求相对较大，而文化程度较低的阶层，即使收入水平与知识分子阶层相当，其消费的重点往往仍停留在吃、穿、住等消费资料上。对于一个城市而言，由于一些历史原因，城市中不同地理区域内的居民及工作者的文化层次不同，进而也形成了消费的差异性。

其四，消费者的收入状况。消费者的收入是影响消费构成和消费水平的重要因素，因而应成为商业、企业在商业街定位时考虑的重点。总的说来，收入高的消费者，他们的消费水平也较高。

（3）商业街市场定位所应考虑的交通因素。交通问题向来是商业街建设的一个难点问题，主要表现在交通与流通的矛盾关系上，一方面交通带动流通，另一方面，流通又限制了交通。商业街的车流、人流的停留率往往特别大，特别是人们逛街、购物时要往

返穿行一条繁忙的城市道路，这样就人为造成交通和商业的冲突。从西方国家的实践经验看，解决这一问题的主要方法就是商业的岛区化，即"人与车的分离"——把商业活动区域从汽车交通的威胁下解放出来，兴建步行街（如图2-38）。但是，如果没有交通把人流带到步行街，步行街不会繁荣。因此，步行街应该在交通交汇点的附近，或和主要交通干道平行，并在附近配有一定量的停车场，这是步行街繁华的一个重要条件。

2. 选址

商业街从选址来讲并不存在严格的要求。在任何一块可以做商业街的土地上，商业街核心的问题是以怎样的方式来判断类型，包括对它开发的形式、经营商品的品类品种进行判断。商业街所处的位置大体有三大类型：第一，商业街在城市几何中心，也称内核心型商业街（如图2-39）；第二，商业街在城市近环路的边缘，也称中核心型商业街；第三，商业街在城市外环路的边缘，又称外核心商业街。

3. 项目定位

商业街的定位是决定商业街生存与发展的前提条件。在当今各大中城市都在兴建商业街之际，根据规范商业街的量化标准、人文环境、地位比重和可塑性四点定位准则，剖析商业街单体，寻找一

图2-38　广州北京路

图2-39　香榭丽舍大道

个城市商业街功能定位的规律，进而设计城市商业发展的总框架。

首先，商业街要根据城市的基本职能和城市功能，确定自己的定位。北京作为全国的政治中心和文化教育中心是世界著名的历史文化名城，前门大栅栏商业街正是这座有深厚文化底蕴的国际大都市的缩影。大栅栏商业街业态齐全，商品种类繁多；老字号店多，带有浓厚的历史文化色彩；光顾的客流特殊，购物者多有购物、休闲、观光、娱乐等复合需求。因此，大栅栏商业街定位在"商业、文化、旅游"一体化上。

其次，商业街要根据城市或城市的不同区域及其近期和中远期经济发展的趋势，确定自己的定位。例如上海市被美国《未来杂志》预测为2015年世界10大超级经济发展城市之一，由此确立上海"现代化、国际化、年轻化"的商业街地位，是恰如其分的。

任何一条商业街都应在充分的市场研究和功能分析的基础之上进行合理的定位与主题的确定。

4. 业态结构分析

在进行商业街景观设计之初，分析商业街的业态结构有助于自身商圈的形成，并能通过业态结构的调整做到资源共享、优势互补。在商业街这样一个完整的生态系统内部，各业态也应相互补充、协调发展，这样才能凝聚各业态的闪光点以强化和突显商业街的整体定位。

一般来说，商业街的业态结构呈"三足鼎立"状：具备购物功能的占40%，具备餐饮功能的占30%，具备休闲娱乐功能的占30%。当然，这个结构并非放之四海而皆准的"经典定律"，主题不同的商业街在业态构成上将会形成不同的比重。但是，在业态组合方面必须有主次之分，应根据商业街的主题与定位进行调整。

（二）项目现状调查与分析

任何项目的基地，无论是天然的还是人工的，从某种程度上说都是独一无二的，是事物和活动联结而成的网络。在这个网络中，设计师需要时间和精力去了解一个基地的基本特征（业界称之为"场所的气质"）以及去分析基地今后使用的意向。

项目现状调查与分析是从设计师的亲自踏勘开始的。通过对基地的踏勘，能够掌握其基本特征，并逐步熟悉其地方风貌，这将为

今后风貌的问题的处理奠定基础。

1. 项目自然条件分析

（1）地形分析。在地质学中，地形是地表各种形态的总称，有时地形也可以与"地貌"这个词互换使用。基地地形也就是场地的形态特征。基地地形分析可以从阅读基地地形图开始。从地形图上，可以获得大致的场地形态特征，但是这并不能满足今后的设计的需要，还要求设计师去基地现场进行更深入的观察，直接地感受地形形成的各种空间，并发现一些地形图上没有的、有趣且实用的空间形态。

（2）气候分析。在商业街景观设计中，气候直接影响使用者在商业街中驻留的时间和质量。因此，对基地气候的分析也是项目自然条件分析中的重点。它主要涉及日照、温度、眩光、风等气候条件。

①日照。选择人们在一天中使用商业街最频繁的几个时段，用绘制分析图的方式，分别画出基地在各个时段的日照情况和阴影面积（如图2-40）。通过图例分析，可以得出项目内的永久日照区和永久阴影区，并将服务于静态用途（站、坐）的外部空间安排在

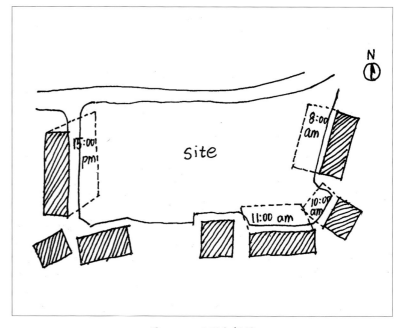

图2-40 日照分析图

能够得到充足日照的永久日照区内，满足使用者的趋光性的心理特征，但要注意夏季遮阴的问题；阴影区内植被的配置要注意选择喜阴性植被。

②温度。对商业街来说，基地的温度状况主要考察周边是否存在避风场地、热辐射体、狭管效应地区等一些可能对温度产生影响的因素存在。如果这些因素在基地中出现，应把它们所在的位置在地形图上清楚地标注出来。通过对基地温度的分析和调查，设计师可以基本了解基地各个地段的气温差异。在今后的方案设计中，也可以依据这些分析结果选择温度相对舒适的地段，布置商业街中使用者频繁驻留或活动的场所，以鼓励更多的市民参与城市外部空间的活动。

③眩光。眩光问题是另一个必须考虑的方面。眩光不仅会使地区的温度升高，更重要的是它会刺激人的视觉神经，造成人对环境的不适应，在炎热的夏季还可能发生中暑等现象。在商业街这样建筑密度较高的地区，应该注意观察基地周围是否有表面高反射率的建筑物或构筑物（例如玻璃幕墙或花岗岩贴面的建筑）存在，并在今后的方案设计中通过种植树冠高大的树木等方式，遮挡部分眩光源，减小眩光对人在外部空间中舒适度的影响。

④风。在环境温度满足户外休闲或许多户外区域缺乏日照的天气下，风对外部空间的舒适度会有比较明显的影响（如表2-1）。在城市中，应注意高层建筑所造成的"狭管效应"，使近地面层风场出现强风区。在建筑密度高的商业街中，应考察基地内是否有强

表2-1　风速对人的影响

风　　速	人不舒服的情况
小于1.78m/s	没有明显的感觉
1.78～3.57m/s	脸上感到有风吹过
3.57～5.81m/s	风吹动了头发，撩起了衣服，展开了旗杆上的旗帜
5.81～8.49m/s	风扬起了灰尘、干土和纸张，吹乱了头发
8.49～11.62m/s	身体能够感觉到风的力度
11.62～15.20m/s	撑伞困难，头发被吹直了，且人无法站稳或行走

风区，在设计中避免将活动频繁的场所设置于此。认真分析基地的风的状况，掌握基地各地段的风向、风速情况可以为方案的设计提供现实依据。

（3）现有植被状况分析。现有植被状况分析是基地自然条件分析中不可或缺的环节。考察和分析基地植被，是让设计师了解基地原有的植被状况和大致的分布，并确定在设计中哪些可以保留，哪些需要重新设计。基地植被分析的内容包括现有植被的种类、数量、分布以及可利用程度。在商业街范围不大，植物种类不复杂的情况下可直接进行实地调查和测量定位，并结合地形图和调查表格将植物的种类、位置、高度、长势等记录下来，这些也是基地景观特征的重要内容。

2. 项目周边环境分析

（1）周边地块用地性质。商业街是具有特殊功能的城市街道，周边地块的用地性质是决定商业街定位的重要因素之一。因此，在设计之初，有必要对商业街所处的周边地块进行用地性质分析。通常，可以要求业主方提供商业街所在地域的控制性详细规划，在控规图上可以看到周边各个地块的用地性质，并结合实地踏勘，将周边地块的用地性质明确地标记于地形图上，为后续设计服务。

（2）交通状况分析。商业街通常位于一个地区或一个城市的核心地带，其外部和内部交通状况（包括步行道、车行道以及人车共行道）会对商业街的空间分割及景观视线产生重要的影响（如图2-41）。设计师应在进入方案设计之前，仔细观察基地周边的交通状况，用图示的方法记录下来，并分析交通与商业街之间存在怎样的关系。在今后的设计中，巧妙地利用交通状况合理设置商业街中的集散广场或交通节点，同时注重商业街的可达性与便捷性设计，为使用者营造交通便利的商业街。

（3）环境质量分析。在商业街中，人们不仅进行动态活动，或三五成群的逛街，或闲庭信步，还进行静态活动，或休息闲坐，或阅读打盹。人们的活动内容虽然不同，但是他们都需要空气清新、干净整洁的商业街环境，以此寻求购物的乐趣和身心的放松。然而，在城市中，噪音、尘土和污染无处不在，这对商业街环境的质量以及市民在其中的感受产生了极大的负面影响。

图2-41　交通与商业街

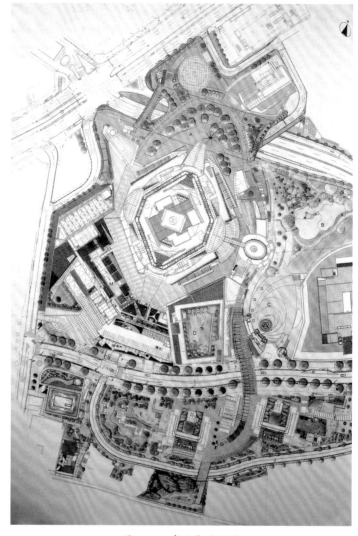

图2-42　商业街平面图

为了削弱这一恶劣的环境状况对市民身心的影响，在商业街规划设计之初就应该从噪音、尘土和污染等方面评定基地的空间质量。设计师以此为根据，了解基地大致的环境质量状况，并针对基地各地段的环境特征，制订克服噪音、尘土等不利因素的设计方案。

（三）项目规划与设计

项目前期策划和现状调查与分析这两项工作的完成，使设计师对项目和基地有了较深入的认知，为商业街的规划与设计奠定了良好的基础。

1. 确定整体布局

依据商业街景观设计的基本原则以及对基地的调查与研究，确定商业街的街道形态。当商业街总体规模较小时，主干形式较多采用，此种布局可获得较高的建筑密度。当增加到一定规模时，从主街上派生出支街是增加店铺沿街面的有效手段。但过长的支街会导致商业价值降低。网状商业街的商业价值的均好性较好，但容易引起导向性的混乱，因此需要增加广场和标志物加强引导。当商业街的外部交通流向偏于一侧时，为了不引起人流的原路折返，采用环形模式比较适宜。无论采用何种街道模式，其主街长度都要进行控制，一般300米长的商业街令人愉悦，超过500米就会令人感到疲劳和乏味。而商业街的宽度也应按照使用者的活动设置宜人的尺度。使用者纵向的关注范围主要集中在建筑首层，对二层以上的感觉是非常不敏感的，而横向的关注范围一般在20米之内，超过20米宽的商业街，使用者很可能只关注街道一侧的店铺，不会在超过20米宽的街道内"之"字前行。从建筑高度与街道比例来看，街宽宜在楼高的1/2～1之间。

此外，还应分析不同年龄段使用者在商业街中的行为及心理特点和他们的休憩与消费需求，确定不同的分区，划分不同的空间，使不同空间和区域满足不同的功能要求，并结合商业街主题确定规划的主要形式，实现功能与形式的统一（如图2-42）。

2．地形规划设计

地形规划设计是景观设计的骨架。在设计中合理利用基地的地形结构，创造丰富的街道空间层次，并根据规划设计原则以及功能分区图，确定需要分隔遮挡成通透开敞的区域；另外，确定总的排水方向、水源以及雨水聚散地等，还要初步确定商业街中主要建筑物所在地的高程及各区主要景观节点、广场的高程，使商业街形成流畅的游览路线和视线通廊。

3．道路系统规划

商业街道路系统规划包括外部道路系统和内部道路系统两大部分。外部道路系统主要研究商业街与城市道路两者之间关系。为了吸引更多的人，商业街通常都与城市干道相连，交通便捷，有很强的可达性。此外，商业街周边还应设置相应的公共交通体系，并与城市中的步行道路相连，为使用者提供多样的出行选择，形成网络

图2-43 环球影视城商业步行街

式的外部道路系统。在此基础上，合理安排商业街的主要、次要出入口的位置、形式、面积以及主要出入口处的集散广场、停车场等的布局，将其纳入商业街的道路系统规划之内。

内部道路系统则主要研究商业街内部的交通状况。通常，商业街的内部交通可以分为步行交通模式与人车混行交通模式。商业街的步行交通模式就是我们常说的商业步行街，它与汽车交通完全隔离，并根据使用者在步行中的行为与心理特征设计道路的空间形态与景观特点（如图2-43）。国外一些传统的商业步行街是采取人车混行交通模式的，例如巴黎的香榭丽舍大街、东京的银座商业街等等。人车混行可以有效解决购物者的交通可达性和便利性可以形成商业街区比较均衡的交通体系。但是人车混行交通模式对城市的整体交通规划有着很高的要求：公共停车场应做到分散布置，集

图2-44 商业街剖立面图

图2-45 错落的天际线

图2-46 成都春熙商业步行街

中控制；人行道与车行道合理分隔；公共轨道交通的通畅与便利，等等。此外，道路系统规划还需设计出商业街的横剖面及纵剖面（如图2-44）。

4．商业街景观设计

在对商业街的整体布局、地形以及道路系统进行规划设计之后，就应进入商业街的景观设计环节。这一环节涉及建筑立面、店面设计、绿化、铺装等众多内容。

五、商业街景观细部设计

根据前文对商业街的景观构成要素的分析与研究，可以得出商业街景观设计是一个系统性很强的整体设计，每一部分的设计对商业街的总体景观形象都非常重要，缺一不可。

（一）商业街建筑立面及店面形象设计

建筑是围合商业街的重要空间实体，商业街的界面通常都是由建筑的外立面形成的，加之街道中人的活动主要是在这个界面内发生，因此商业街的建筑立面及店面设计是商业街景观设计中的首要内容。

1．建筑立面设计

商业街的整体性和特色，很大程度上是通过建筑立面设计加以体现的。建筑立面设计可以分为以下三个层面。

（1）天际线设计。天际线最初的意思是天地相连的交界线。随着人类工程文明的发展，天际线被赋予了更多的美学内涵。设计师们用美轮美奂的建筑、起伏多变的地形以及郁郁葱葱的植被改变着原本平直的天际线，形成一个广阔的天际景观。而对商业街来说，天际线设计就是建筑的宏观造型。它的形状不应平淡，而应具有一定的错落感（如图2-45），并设置建筑制高点，以增强商业街的标志性。良好的天际线还能很好地反映商业街的人文特点、审美特点和造型特点。

（2）确定建筑立面风格。对主题非常鲜明的商业街来说，建筑立面的风格应由其设计主题来确定，涉及建筑立面的开窗与墙体的虚实对比、造型、基本色调控制等。成都春熙商业步行街（如图2-46）、迪士尼美国小镇、重庆洪崖洞等，都是依据主题确立建筑立面风格的典范。这样的方式不仅能形成商业街的整体性，实现主题与形式的统一，还能更好地诠释商业街的人文内涵及文化特点。

（3）建筑立面细部设计。确定建筑立面风格之后，设计进入建筑立面的微观层面。建筑立面细部设计包括立面材料的肌理、面砖的组合形式等细节处理（如图2-47）。这一层面的设计主要注重的是人对建筑立面细部的通觉。在视觉上，应注意所选立面材料的肌理、色彩、尺度及立面用砖形式，力求统一与变化并存，形成活

跃的建筑立面。色彩方面也应在符合立面设计风格的基础之上考量视觉舒适度，适度添加饱和色彩以增强商业氛围（如图2-48）。而在触觉上，建筑立面材质的纹理和质感则较为重要，使用者可以通过触摸或视觉的判断感知材质，并由此引发一系列的心理感受。此外，门窗的形式、骑楼雨罩的应用、台阶、踏步、扶手、栏杆、花盆、吊兰、灯具、浮雕、壁画等都是细部设计的相关内容。

2. 店面形象设计

通常，成熟的建筑立面设计都考虑了改造外装的可能，预留了店名、招牌、广告和其他饰物的位置，以方便后续的店面形象设计。商业街中店面林立且业态不同，将店面形象设计的特色统一于商业街中，是店面形象设计的要求。

店面形象设计包括招牌设计、店门设计和橱窗设计三个部分。

（1）招牌设计。一般店面上都可设置一个条形商店招牌，醒目地显示店名及销售商品。在繁华的商业街里，消费者往往首先浏览的是大大小小、各式各样的商店招牌，寻找实现自己购买目标或

图2-47　日本难波城

图2-48　色彩丰富的商业街立面

图2-49　引人注目的商店招牌

图2-50　法国某商店招牌

图2-51　香港兰桂坊

值得逛游的商业服务场所。因此，具有高度概括力和强烈吸引力的商店招牌，对消费者的视觉刺激和心理影响是很重要的（如图2-49）。

商店招牌在顾客导入方面起着不可缺少的作用，它应是店铺最引人注目的地方，所以，要采用各种装饰方法使其突出。手法很多，如用霓虹灯、射灯、彩灯、反光灯、灯箱等来加强效果，或用彩带、旗帜、鲜花等来衬托。总之，格调高雅、清新，手法奇特、怪诞往往是成功的关键之一（如图2-50）。总的来说，招牌的设计应做到言简意赅、易读易记、富有美感，具有较强的吸引力，从而促进消费者的思维活动，达到理想的心理要求。

（2）店门设计。显而易见，店门的作用是诱导人们的视线，并产生兴趣，激发想进去看一看的参与意识。怎么进去，从哪进去，就需要正确的导入，告诉顾客，使顾客一目了然。在店面设计中，顾客进出门的设计是重要一环。

将店门安放在店中央，还是左边或右边，这要根据具体人流情况而定。一般店面较大者可以将店门安置在中央，小型店面的进出部位安置在中央是不妥当的，因为店堂狭小，直接影响了店内实际使用面积和顾客的自由流通。小店的进出门常设在左侧或右侧，这样比较合理（如图2-51）。

图2-52 LV旗舰店店门

图2-53 橱窗

从商业观点来看，店门应当是开放性的，所以设计时应当考虑到不要让顾客产生"幽闭"、"阴暗"等不良心理，从而拒客于门外。因此，明快、通畅，具有呼应效果的门廊才是最佳设计（如图2-52）。

（3）橱窗设计。在现代商业活动中，橱窗既是一种重要的广告形式，也是装饰商店店面的重要手段。一个构思新颖、主题鲜明、风格独特、手法脱俗、装饰美观、色调和谐的店面橱窗，与整个店面建筑结构和内外环境构成的立体画面，能起到美化店面和商业街立面的作用（如图2-53）。此外，橱窗设计的风格还应和店铺的业态相协调，连同室内设计一并考虑。

（二）商业街水景设计

水在中国人的眼里一直具有特殊的灵性，在商业领域中，水更是财富的象征。加之人固有的亲水本性，商业街景观设计或多或少都会设置水景，以增添商业街环境的活力和商业繁荣的美好寓意。

1. 商业街水景的功能

（1）丰富商业街街道景观。商业街基本都

图2-54 济南泉乐坊局部

图2-55 洛带古镇商业街

是相似建筑围合而成的空间形态，这样的形态会带给使用者较强的封闭感和视觉疲劳感。水，以其灵动性、活跃性和独特的观赏性，不仅能软化建筑立面的坚硬感，增加街道景观的层次，形成街道空间的开阔感，还能满足人们亲水的心理需求，放松心情，获得愉悦的空间体验（如图2-54）。

（2）改善商业街小气候。在人流密集、店铺林立的商业街，温度会比周边地区略高一些。湿度也会随着气温的升高，降低不少。水体的面积和布局是影响小气候效应的重要因素，对于商业街这样不适合设置开阔水面的空间来说，多块、密集分布的小面积水体也能很好地降低商业街内部的温度并升高湿度，营造适宜的购物环境，减少因小气候带来的不适感。

（3）引导展示路线。水体具有整体性效果。一般而言，人不仅对水有亲近的愿望，而且往往对线状的水体有溯源的心理。水往往与墙、柱等建筑元素组合起来运用，达到连续而生动的引导效果。在商业街设计中，可以利用线状水体的引导性，指引店铺的展示路线，创造出贴近自然、富有层次的购物环境（如图2-55）。

2．商业街水景设计的原则

（1）保持水质。在构思水景时，要把保持水质作为主要的设计原则。水景的水质一旦污染，将立即失去景观价值。在设计时，应运用景观水体循环处理系统，保证水体的循环使用，避免形成死水，造成水质污染。同时，还应注意水中微生物的生长情况，及时处理微生物污染源。

（2）因地制宜。水离不开容器，水景设计不是孤立的，其形成有一定条件，离不开其存在的环境。因此，水与商业街的地形地貌有着密切的关系。特别是动态水景，其流动性与高低落差需要合理的地形因素配合实现。这就要求在设计时，尽量按照地形和环境状况选择水景的类型，进行适当的设计，以减少工

图2-56　光谷步行街

程量。

（3）安全至上。水景设计时刻离不开"安全"二字，规划设计商业街的人工水景，如不注意安全，也同样存在种种隐患。例如水中动力、照明设备供电安全，铺装面的防滑防跌，喷流的速度、噪音等，都需要认真思考解决。除此之外，还有些潜在的危险，如不良水质接触，漂浮物对人体和环境的污染等，也应在设计中考虑到。

（4）注重节水。每项水景工程都须有节水措施，设计师应考虑水源如何解决，怎么利用循环水等内容，最好能把水景和灌溉、水利、排水、消防等内容综合考虑。

3. 商业街水景设计的类型

从传统园林的角度看，水态可以分为四大类型，即喷涌、垂落、流变和静态。随着技术的不断进步，水态也有了新的类型，如喷雾、冰雕等。在商业街设计中，水态的运用也有讲究。因水主财，一般都会在街道环境中设置景观水体寓意财源滚滚，加之商业街地价昂贵，不可能设置大面积的静态水体。因此，水态多选用喷涌、垂落、流变及喷雾等动态水体，以体现水灵动、活泼的性格（如图2-56）。

（三）商业街植物景观设计

植物是构成商业街景观的因素之一，它的存在为人工化的商业街带来了生机，也营造出了人与自然和谐相处的街道环境。

1. 商业街植物景观的功能

（1）使用功能。商业街的植物造景选用多种多样的植物，包括高大乔木、灌木、藤本和草本等，它们具有遮荫、滞尘、降温、降噪、增湿、净化空气等作用。尤其在炎热的夏季，高大乔木宽大的伞状树冠，把强烈的太阳辐射和热能予以阻隔，在树荫下，街上行人充分领略到植物对人类的人性体贴。由此可见，合理运用植物，可以调节、缓解和弥补现代城市建设给人们带来的不利影响。

（2）审美功能。商业街植物造景既是园林植物与人工艺术创造的结合，又是物境与人文的结合，融合了自然美、艺术美和社会美，满足了人们的审美需要。科学合理的植物造景对城市商业步行街具有自然和谐的、高品位的美化效果，可以柔化现代城市建筑冰冷、单调、生硬的直线条，给人以自然、宁静、艺术的享受。

（3）调控功能。人类源于自然，有亲近自然的天性。城市建设的高速现代化，使远离自然的人们产生生理和心理失衡。绿色园林景观不仅能满足人们的视觉享受，还能满足人们的心理和生理需求。科学已经验证：绿色植物对人的心理有镇静作用，能使中枢神经系统轻松，并通过它对人的全身起调节作用。经常处在优美、安静的绿色环境中，能使人皮肤温度降低1℃～2℃，脉搏1分钟减4次～8次，呼吸慢而均匀，血流减缓，心脏负担减轻，同时人的嗅觉、听觉、思维活动的灵敏性得到增强。此外，花的颜色和花香对人的身心健康也是非常有益的。如浅蓝色的鲜花对发高烧的病人具有镇静作用，红色的鲜花能增加病人的食欲，绿色的叶片能吸收阳光中紫外线，减少对眼睛的刺激，茉莉花的芬香能使人消除疲劳而精神为之一振。"绿视率"的理论认为，当绿色在人的视野中占25%时，眼睛和心理的疲劳就能缓解，可使人的精神放松和心情舒畅。

（4）经济功能。优美舒适的商业街植物造景，将使商业步行街更具吸引力，更加聚集人气，增加客流量，提高商品销售额，使商家获得更为丰厚的商业利润，从而使商业步行街更具商业价值。由此，将吸引更多的地产商、开发商、投资经营户，甚至金融、保险、证券、企业总部、外国领事机构等驻入，进而促进城市的经济繁荣。

图2-57 黄桷树

图2-58 花池

2. 商业街植物景观设计

（1）商业街植物配置。城市商业街的植物配置应以高大乔木为主，灌木和草花为辅；当地树种为主，适当配以外来优良树种。同时注意不同叶色树种搭配，这样，既能增加绿量，遮荫降温，充分发挥其实用功能，又能丰富植物种类和色彩变化，满足人们的审美需要。在选择树种时，应把握适地适树原则，根据当地气候、生态条件，历史人文特点，突出地方特色，体现地方文脉。选择易栽种成活、阔叶、绿量大、树冠大、遮荫效果好的树种。如在重庆，最理想的当属黄桷树，其特点为生命力强，生长速度快，阔叶，叶片大小适中，疏密适度，树下空气通透而不闷湿，树冠展开，遮荫面积大，枝形和冠形优美（如图2-57）。

除此之外，商业街中的植物多以可移动、可替换的方式设置。设计者依据不同的季节或商业促销主题，选择适合的植物摆放于商业街中。这样可以让商业街的植物景观保持一定的变化，让街道空间氛围具有较强的可变性，带给购物者不断的惊喜和视觉刺激（如图2-58）。

（2）商业街植物设计。商业街植物设计坚持"以人为本"的设计思想，首先考虑实用功能，其次考虑美化功能。让购物者能与植物亲密接触，尤其是高大乔木。在植物造景上，既要区别于交通公路整齐划一的行道树，又应区别于公园丰富的植被层次。商业街由于人流量大，空间面积有限，因此，在植物设计上应突出"步行街"的特点，视街道宽窄，在道路中央纵向种植两行冠形优美、遮荫覆盖面积大、常绿的高大阔叶乔木，使其形成林荫道；可多个树种搭配，稀植，留出足够生长空间，以充分展示单株个体美，同时也给行人留出更多的活动空间。围绕每棵树设置一圈精制而美观的木条或花岗岩座椅，使座椅掩映在树荫下，方便游人小憩。在高大乔木沿街方向植株间或街两侧，即靠近街边商店门面处，可间或设计灌木草花台。花台的面积和长度不宜过大过长，应以不妨碍游人行走或进出商店为宜。花台可用砖石砌成，也可用木料制成。除常用植物外，花台中心还可栽植含笑，花台四周栽植小栀子等香化植物做矮篱笆。花台中的艳丽草花，最好采用塑料小钵在花圃培植好后放置于花台中，以便随季更替，不留观赏空档，使街头整年呈现五彩缤纷、喜庆热烈之氛围（如图2-59）。这些草花与街中乔木相互辉映，动中有静，动静结合，尽显其实用及美化功能。

（四）商业街铺装设计

城市街道的路面是街道空间中的基面，虽然路面并不在使用者

图2-59 可替换的种植池

图2-60 引导方向的地面铺装

的主要视觉范围之内，但是路面所使用的材质、铺装的样式、色彩的搭配都使它成为商业街空间中举足轻重的景观构成要素。

1. 商业街铺装设计的功能

（1）交通功能。在商业街空间中，可以根据交通对象的要求和气象条件特征，设计坚实、耐磨、抗滑的路面，保证车辆和行人安全、舒适地通行。这是商业街铺装的最基本功能。

铺装设计还可通过铺砌的图案给人以方向感。方向性是街道功能特性中很重要的部分。对路面来说，通过铺装的图案和颜色的变化，更容易给人方向感和方位感（如图2-60）。

此外，铺装还可以划分不同性质的交通区间，这对人车混行的商业街来说尤其重要。商业街铺装注重的是人们内心的需求，对人们的心理影响则采用暗示的方式。人们对于不同色彩、不同质感的铺装材料，心理所受的暗示是不同的。商业街铺装正是利用这一点，采用不同的材质对不同的交通区间进行划分，加强空间的识别性，同时约束人们的行为，使人们自觉地遵守各自领域的规则，引导人们各行其道。

（2）承载功能。除了逛街购物之外，使用者在商业街中的各种活动也少不了铺装做载体。街道空间中有用铺装界定出的集散和停留空间（如图2-61），它们丰富了街道的空间形态与色彩，让人们在其中舒适的交

图2-61 停留空间的地面铺装

图2-62　北京建外SOHO商业街

图2-63　上海新天地

往、休憩、停留。同时，还可以结合商业街的主题及功能分区，运用不同的铺装，营造承载功能各异的场所。

（3）景观功能。商业街的铺装除了具有使用功能以外，还可以满足人们深层次的需求，为人们创造优雅舒适的商业街景观环境，营造适宜购物、休闲和交往的空间。

商业街铺装应与街道空间和周围建筑风格协调统一，维系整体关系。使用者习惯于通过视觉印象来感知街道空间的风格特点。铺装作为商业街的景观要素之一，具有纳入新秩序，提升环境品质的推动作用，有助于形成街道商业氛围（如图2-62）。

2. 商业街铺装设计

铺装设计是商业街设计中非常重要的一个方面，采用不同手法进行铺装设计可以有效改善商业街的环境，使其更具人情味和魅力特色。总的来说，商业街的铺装要求是安全、舒适、亲切，具有方位感、方向感、文化感、历史感和特色感。为了满足铺装设计的一系列要求，需要从以下几个方面去设计。

（1）色彩。色彩是铺装带给使用者的首要视觉冲击，在商业街中行走的人们对街道空间基面的第一印象是基于路面的色彩产生的。铺装的色彩要与建筑相协调。由于各家店铺都有自己专属的店面设计，因此可以采用一种有统一感的主色调化街道景观的连续性和整体性，实现建筑与街道空间色彩的统一，形成协调的空间氛围（如图2-63）。铺装的细部色彩设计则要亮丽，富于变化，生动活泼，以体现商业街生机勃勃的繁华景色。

（2）材质。铺装的材质可分为硬质和软质两大类。硬质材料包括天然石材、广场砖、

图2-64 木质栈道

图2-65 地面铺装构形

彩色水泥、金属等，而软质材料则包括木材、沙等。作为城市外部空间的商业街，具有人流量大、受气候影响直接的特点，应选择表面质感粗糙、透水性好、耐磨及耐污染性强、清扫方便的材质。因此，商业街的人流聚集处和主要通行路径的地面铺装材料应以硬质材料为主，节点处可用金属、玻璃等加以点缀。在人流量相对较小且使用者驻留时间较长的空间，比如商业街中的停留空间，可适当使用软质材料，如木材（如图2-64）。这样既可以通过不同的材质界定不同的功能空间，还能用软质材料降低道路基面的坚硬感，让停留在其中的人们具有舒适、亲切和自然的感觉。

（3）构形。铺装的构形指的是铺装的形式。在景观设计中，铺装的形式是铺装设计中的一大重点，具有引导、提示、增强街道趣味等作用。不同性质的空间应采用不同的铺装形式，在体现空间特性的基础上实现铺装的形式美。

商业街空间大体可划分为流动空间、集散空间和停留空间。

流动空间是组成街道的主骨架，是铺装设计的主体部分，应通过具有节奏感的构形，如不断地重复同一铺装形式来引导人流（如图2-65）。集散空间是指商业街出入口或大型商业服务、娱乐休闲场所的人流进出、交汇服务的空间。作为商业街出入口，应在铺装形式上选用暗示端头（开始或结束）的图案或以铺装的方式设置地标。而在大型商业服务、娱乐休闲场所附近则采用集中性构形，以突出其作为重点购物或娱乐活动场所的中心地位，吸引人们的注意。停留空间主要是为人流短暂停留而提供的空间，铺装的构形可以活泼、轻松，富有趣味，以缓解购物的疲劳感，让使用者具有愉悦的空间体验。

（4）尺度。铺装尺度主要包括铺装材料尺度和铺装纹样尺度两个方面。这两者都能对外部空间产生影响，产生不同的尺度感。

在铺装材料尺度方面，通常在大尺度空间中使用花岗岩、抛光砖等板材，中小尺寸的地砖和较小尺寸的马赛克更适用于商业街内

图2-66　小尺度纹样铺装

图2-67　日本六本木商业街

部的中小型空间。

在铺装纹样尺度方面，大面积的铺装应该使用大尺度的纹样，有助于表现整体的效果，如果纹样太小，则铺装会显得琐碎；小面积的铺装应该使用较小尺度的纹样，这样更能显出紧凑的图案，使空间更具亲切感（如图2-66）。

（五）商业街照明设计

照明设计泛指除体育场、工地和室外安全照明外，所有室外活动空间或景物的夜间景观照明。商业街的照明设计是根据商业街的功能、性质和类别，综合考虑街区的路、店、广告、标志、市政设施（含公共汽车站、书报亭、广场、流水、喷泉、绿地、树木及雕刻小品）等构景元素的特征，统一规划、精心设计形成统一和谐的照明。

1. 商业街照明设计的功能

（1）塑造夜间焦点空间之美。白天，人们可以通过日光欣赏商业街中的重要景观节点、建筑以及景观轮廓线。而夜间，人们的观察景物的能力受到限制，若没有适当的照明设计，就不能在街道中关注这些焦点空间，街道景观也会在夜晚失去魅力。因此，照明设计在夜间能塑造焦点空间之美，并能赋予它们与白天不同的视觉体验（如图2-67）。

（2）引导夜间活动空间动线。在外部空间中，光线缺乏的最大不便就是使用者无法快速正确地寻找自己的空间动线，甚至有人会觉得街道空间在白天和夜晚是大不相同的，因为光塑造了白天无法看到的空间。通过出入口、步行空间、交通节点、指示牌、店铺处的照明设计引导使用者在街道空间中的夜间活动，组织自己的游览路线。

（3）满足使用者夜间视觉要求。夜景是指夜间的场景。在景观设计中，为了满足使用者在夜间的视觉要求，照明设计显得尤为重要。商业街的营业时间较长，通常直到夜间22点，其间需要人工照明的时间长达四五个小时。绚目的霓虹灯、各色景观灯以及照度较高的路灯将商业街营造成灯火通明、热闹非凡的购物、休闲、娱乐场所，其形成的夜间视觉也具有视觉尺度之美（如图2-68）。

2. 商业街照明设计

（1）构成元素。商业街照明设计是一个系统性的设计，它渗透在商业街的各个景观要素之中，为夜间的商业街营造了别样景致。

行道树。行道树除了能遮荫纳凉之外，还可通过它的有序排列引导人流动线。照明设计中，利用嵌入型地底灯光及光源的色温，与行道树配合呈现夜晚自然景观环境。

铺装。铺装是照明设计中的另一构成元素。利用嵌入型地底灯光指引方向并表现铺装设计中的亮点（如图2-69）。

建筑。建筑立面是形成商业街的重要界面，除了可以用霓虹灯勾勒建筑天际线之外，还可配合景观灯与射灯，让建筑在夜间仍能体现空间美感，丰富空间层次（如图2-70）。

街灯。街灯的外形设计可以改变街道的空间风格，更为重要的是重点标志景观灯和特色景观灯可以打造街道的重要景观节点，在夜间突出景观设计的亮点（如图2-71）。

图2-68 日本心斋桥夜景

图2-70 建筑与灯光

图2-69 铺装与地灯

图2-71 景观灯打造景观节点

图2-72　六本木商业街雕塑

图2-73　饮水器

（2）结合景观设计创意。照明设计并不是孤立存在于商业街设计之中的，它与景观设计、建筑立面设计、植物设计、铺装设计和小品设施设计相协调，统一于商业街景观设计创意之下，利用灯光工程共同营造商业街的商业氛围及人文特性，赋予商业街另一景观面貌。

（六）商业街小品设施设计

商业街小品设施包括小品和设施两大类，是形成街道景观的重要元素，小品设计涉及绿化（花坛、花钵）、栏杆、座椅、雕塑等的选型与设计，而设施设计则包括指示牌、电话亭、候车亭、垃圾箱、饮水器设计等。

1. 商业街小品设施设计的功能

（1）为使用者提供便利。商业街是城市中的人流聚集之处，人们在此购物、休闲、交往、停留，在室外活动的时间较长。小品与设施为人们提供了坐憩、观赏、驻留等活动的便利，满足了各类人群在外部空间中的需求。

（2）丰富街道景观的观赏视角，充实观赏内容。如在商业街出入口以及重要景观节点设置的小品（石刻、雕塑等），既有预示性指示性的作用，引人入胜，又丰富了视角景观，增添街道景观层次。

（3）体现商业街主题，形成独具特色的商业氛围。小品和设施设计的形式与风格是商业街主题的最好体现（如图2-72）。

2. 商业街小品设施设计

商业街空间中的小品和设施设计与城市中其他的外部空间类似，只是具有自身的特性，如较高的可替换性以及夸张的视觉效果等，这都是由商业街的景观特性所决定的，因此，在小品和设施设计中应注意以下设计原则：

（1）强化空间内涵。现代商业街设计都有自身的主题定位，或以文化为内涵，或以某种风格为基调，或穿插当地历史以强调地域性，不论选取怎样的主题，都需要用空间形态或设计元素加以表达。因此，设计过程中应将已给定的设计元素运用在小品和设施设计中（如图2-73），强化商业街空间内涵，形成商业街的个性特点。

（2）人性化。商业街空间中与使用者关系最亲密的当属小品和设施，它们的存在除了审美需求之外，更多的是要满足使用者生理与心理方面的需求。小品与设施设计应符合人体的尺寸，让人能方便舒适地使用，避免因尺寸设计不当造成无法使用甚至存在安全隐患的情况。此外，小品与设施在街道空间中放置的位置也应考虑人的行为与心理需求，尤其是坐具、饮水器、指示牌等。以坐具为例，设计中应充分考虑人在驻留时的行为和常规心理因素——边界效应，将坐具设置于空间的边界或是建筑实体的边界，既能提高使用率又能满足使用者的心理需求（如图2-74）。

（3）可变性。作为城市中的开放休闲空间，商业街需要不断带给使用者新鲜感和视觉等各方面的感官刺激，才能吸引人们不断进入商业街消费。除前文所讲的植物设计应多考虑可变性之外，小品和设施设计也应适当考虑可变性的设计原则。如花坛、花钵、雕塑、临时售卖亭等，可依据商业街营销主题的不同，进行更替，让使用者在不同时段感受不同的商业街景观（如图2-75）。

（七）商业街无障碍设计

无障碍设计是在1974年由联合国组织提出的设计新主张。无障碍设计强调在科学技术高度发展的现代社会，一切有关人类衣食住行的公共空间环境以及各类建筑设施、设备的规划设计，都必须充分考虑具有不同程度生理伤残缺陷者（如残疾人）和正常活动能力衰退者（如老龄人）的使用需求，配备能够应答、满足这些需求的服务功能与装置，营造一个充满爱与关怀，切实保障人类安全，方便、舒适的现代生活环境。因此，

图2-74　位于空间边界的坐具

图2-75　可替换的街道小品

无障碍设计在商业街景观设计也中极为重要。

1. 商业街无障碍设计原则

（1）无障碍性原则。商业街街道环境中应无障碍物和危险物。由于残疾人和能力衰退者在外部环境中更容易形成生理和心理条件的变化，他们的行为与环境的关系会时常变得困难。因此，在商业街设计中，应设身处地地为他们着想，提高他们在街道空间中的自立能力。

（2）易识别性原则。易识别性指街道环境的标志和提示设置，在设计上能让使用者更好地获取相关信息。残疾人和能力衰退者，或身心机能不健全的，或感知危险的能力较差的，缺乏空间标志性，会给他们带来方位判别、预感危险上的困难，随之带来行为上的障碍和不安全。为此，设计上要充分运用视觉、听觉、触觉的手段，将信息正确传达至此类人群，方便他们使用。

（3）易达性原则。易达性指游赏过程中的可进入性和便捷性。它要求商业街空间中的场所及其设施必须具有可接近性。设计者要为残疾人和能力衰退者积极提供参加各种活动的可能性，让他们感受到城市外部空间的公平氛围。

2. 无障碍设计在商业街的应用

（1）出入口。商业街的主要出入口处应设置提示盲道，宽度至少在1200毫米以上，有高差时，坡度应控制在1/12以下，两边加设安全扶手，地面宜采用防滑材料。出入口周围要有1500毫米×1500毫米以上的水平空间，以便于轮椅使用者停留。入口如有牌匾，其字迹要做到弱视者可以看清，文字与底色对比要强烈，最好能设置盲文。

（2）道路。商业街中的主要干道应设盲道（如图2-76），电线杆、垃圾箱、标志牌等应远离、避开盲道。如必须设置高差时，应在20毫米以下，路宽应在1350毫米以上，以保证轮椅使用者与步行者可错身通过。另外，要十分重视盲道上的诱导标志的设置，特别是身体残疾者不能通过的路，一定要有预先告知标志；对于不安全的地方，除设置危险标志外，还须加设护拦，护拦扶手上最好注有盲文说明。

（3）台阶和坡道。当商业街中有台阶时应设无障碍报道和台阶坡道，这对于轮椅使用者尤为重要。无障碍坡道最好与台阶并

图2-76 室内商业街的盲道

设，以供人们选择。坡道要防滑且要缓，纵向断面坡度宜在1/17以下，条件所限时，也不宜大于1/12。坡长超过10米时，应每隔10米设置一个轮椅休息平台。台阶踏面宽应在300毫米～350毫米之间，级高应在100毫米～160毫米之间，幅宽至少在900毫米以上，踏面材料要防滑。坡道和台阶的起点、终点及转弯处，都必须设置水平休息平台，并且视具体情况设置扶手和照明设施。

（4）公共设施。公共厕所、座椅、垃圾箱等商业街小品和设施的设置要尽可能使轮椅使用者容易接近并便于使用，而且其位置不应妨碍视觉障碍者通行。商业街男女公厕中至少各设一个无障碍厕位，地面应作防滑处理，同时男厕应考虑无障碍小便池。设置休息座椅时，应考虑桌椅边缘的圆角处理，使设施棱角对人的伤害最小化。同时在休息座椅旁应按不小于总座椅数量10%的数量去分设轮椅和婴幼儿的车位。此外，无障碍标志的设置，比如盲文地图、盲文铭牌等，可使视觉不好的人可通过触觉感知位置与方向。

第三部分

城市广场及商业街景观设计案例

一、城市广场景观设计案例

（一）澳大利亚墨尔本联邦广场

澳大利亚墨尔本联邦广场是墨尔本市最重要的大型公共建筑项目之一，由实验建筑工作室和贝茨·斯马特合作设计。联邦广场地处墨尔本中心市区的南部边缘，处在斯旺斯顿街、弗林德斯街、亚拉河、王子桥的交会处。整个广场和建筑建造在铁路之上，占地3.6公顷（如图3-1至图3-5）。北邻保罗大教堂，西边是连接墨尔本市区和近郊交通的澳大利亚最早的火车站，南面是风景宜人的亚拉河（如图3-6至图3-8）。

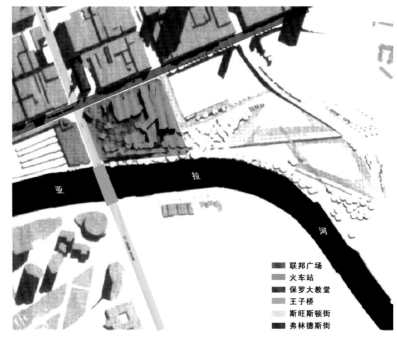

■ 联邦广场
■ 火车站
■ 保罗大教堂
□ 王子桥
□ 斯旺斯顿街
■ 弗林德斯街

图3-1 墨尔本联邦广场周边关系平面

图3-2 斯旺斯顿街道上的有轨电车站台

图3-3 弗林德斯街景

图3-4 亚拉河

图3-5 王子桥

图3-6　保罗大教堂

图3-7　墨尔本火车站

图3-8　墨尔本联邦广场鸟瞰

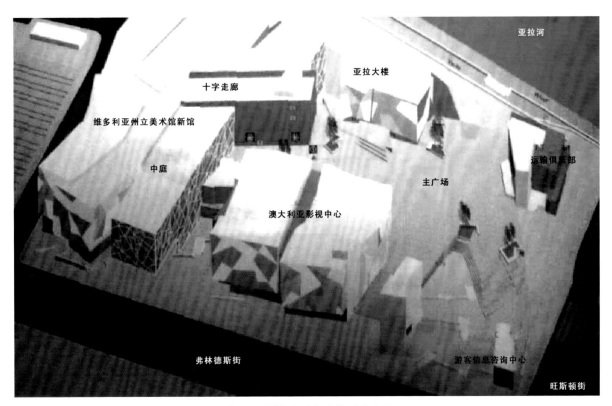

图3-9　墨尔本联邦广场功能分区

广场由维多利亚州立美术馆新馆、澳大利亚影视中心、中庭、十字走廊、游客信息咨询中心、亚拉大楼、运输俱乐部、主广场几个部分组成（如图3-9至图3-13）。

图3-10　维多利亚州立美术馆中的赛马博物馆

图3-11 联邦广场中心区域

图3-12 联邦广场中的公共艺术

图3-13 联邦广场上澳大利亚影视中心入口处
皮克斯动画工作室的LOGO

广场建筑设计前卫新颖，采用钢结构、石材和玻璃等构成建筑立面为广场的公共空间提供了多姿多彩的背景（如图3-14）。广场中心区域地面铺装采用暖色调的石材和砖进行铺设，形成色带和抽象图案，局部铺装采用浮雕的形式刻上了一些有纪念意义的文字（如图3-15），而边沿地区则采用冷色调的灰色石材。

联邦广场既为旅游参观者提供了一个识别性较强的地标，也为各种庆典活动、公共集会提供了场地（如图3-16）。联邦广场是一个多功能的广场，倾斜的地形和阶梯式的台地都可作为室外演出活动的场所（如图3-17）。通过广场中的大屏幕，还可以举行就职演说、各种体育活动和动态文化交流活动。广场上还设置了很多的休

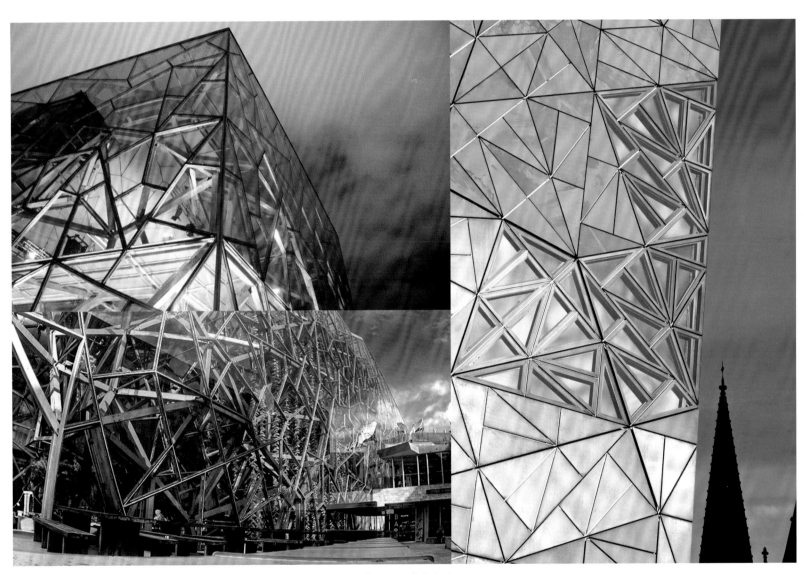

图3-14 建筑立面

图3-15　联邦广场铺装

图3-16　联邦广场上的集会活动

息空间，供人们休憩（如图3-18）。

联邦广场采用自由灵活的空间设计手法，让空间变得丰富多样，成为一个充满活力的城市会客厅。其地处墨尔本市的铁路交通枢纽地带，并紧邻亚拉河，是城市的中心区域。澳大利亚墨尔本联邦广场是墨尔本城市生活中必不可少的公共空间。

图3-17 联邦广场中的台地

图3-18 联邦广场上的休憩空间

（二）美国洛杉矶珀欣广场

珀欣广场是美国洛杉矶市中心建造年代最早的广场之一。从1866年至1950年，珀欣广场先后经历了数次重新设计及易名。1950年以前，场地上种植有棕榈树、灌木丛和花卉等。1950年，一个多层的停车库被兴建于此，车库顶部是一个公园。而今天的广场是1994年版本，由建筑师里卡多·勒格雷塔和汉纳·奥林公司的景观建筑师劳里·奥林合作设计。

设计师的设计理念是通过艺术性的规划布局，创造一处彰显本土文化、历史、地质和经济状况的场所，使该中心广场作为城市自身特征的微观再现。从平面布局上看，广场呈长方形，由几何的圆形和方形组合而成（如图3-19、图3-20）。

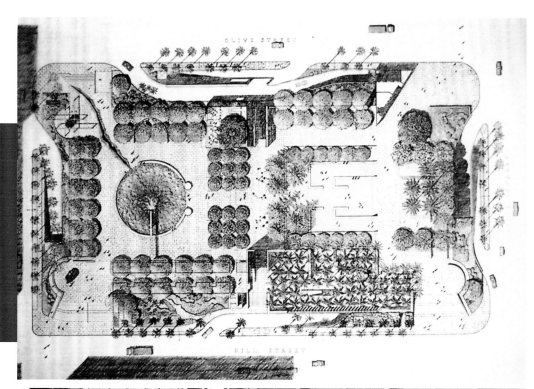

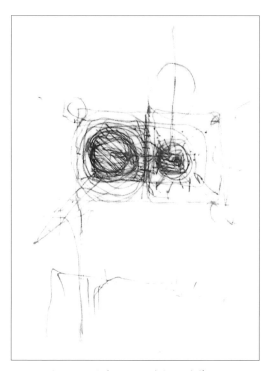

图3-19 洛杉矶珀欣广场设计草图

图3-20 洛杉矶珀欣广场平面

图3-21 珀欣广场上的地震"断层线"

图3-22 广场中央的跌泉水池

广场中有一条铺装设计形成的地震"断层线",由广场的一角延伸到广场的中心(如图3-21)。在广场的纵向轴线上有一个大型的跌泉水池。水流从广场内的高塔流出,经景墙顶部的输水渠,注入这个圆形的水池,在平静的水面激起水花,再慢慢扩散向坡度平缓、卵石铺砌的池岸(如图3-22、图3-23)。哗哗的跌水声衬得广场更加沉静。在水池边上,设计师没忘记设置三段弧形的矮墙,矮墙的高度正好适宜人坐于此读书,或躺于此静听水声(如图3-24)。

图3-23 跌泉水池池底为卵石铺装

在广场的另一侧，有一处适宜休憩或阅读的安静场地——矩形的室外剧场。它的铺地材料以草皮为主，在草坪中设置了一些折线形的矮墙，与圆形水池旁的矮墙一样，这里的矮墙高度也同样适用为坐凳（如图3-25、图3-26）。

图3-24 坐在矮墙上读书的人们

图3-25 露天剧场上的矮墙和草坪

图3-26 矩形的露天剧场

珀欣广场的整体用色反映出洛杉矶城的西班牙血统，颜色个性鲜明而重点突出（如图3-27、图3-28）。从远处看，广场中有两个亮紫色的形体特别突出——高耸的塔和平展的墙。塔高38米，塔顶部的开口中嵌入一个醒目的球体，它和散落在广场平面上的其他几个球体一样，均为石榴子的颜色（如图3-29、图3-30）。广场整体处于一个台地上，比周边道路高，因为广场下面是一个公共停车场。由于广场地形高差的关系，广场上设置了很多无障碍坡道，方便残疾人群的使用（如图3-31）。广场内泥土色的铺地和绿色的草坪，又与紧邻广场的餐厅外墙鲜亮的黄色形成对比。这些颜色的处理，使珀欣广场既具有历史纪念意义，又不失现代广场的新鲜感和包容性。

图3-27　珀欣广场采用红、黄、蓝鲜明的颜色

图3-28　珀欣广场的颜色

图3-29　珀欣广场立面

图3-30 珀欣广场上的标志物——塔楼和球形雕塑

图3-31 珀欣广场上的无障碍坡道

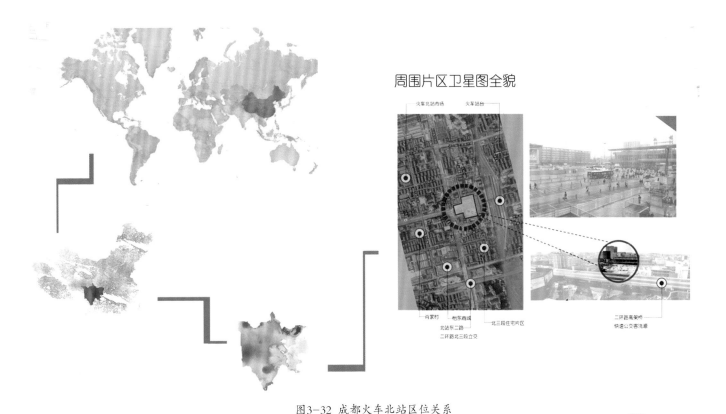

图3-32 成都火车北站区位关系

（三）成都火车北站站前广场改造设计

1．项目背景

成都火车北站位于四川省成都市金牛区二环路北三段。紧邻市区，二环高架穿过，站前广场地块方正，地势平坦，处于十字路口交汇处，交通繁忙，是西南最重要的交通枢纽和人流物流集散地，也是成都市对外展示的形象窗口（如图3-32）。

2．现状及周边环境

（1）建筑环境。建筑外立面无特色，公共空间组织杂乱。周边建筑大部分都是环境条件差、设施不完善、功能布局不合理的老旧建筑。几乎没有绿化，有一定的座椅、厕所等服务设施，但缺乏规划管理，空间利用率不足，缺乏地方文化特色（如图3-33）。

（2）交通。成都火车北站交通极为混乱，公交车、出租车、私家车及地铁线路杂乱无章，不仅没给人们带来便利，反而存在诸多安全隐患。站前的二环高架快速公交进出站路线设置不合理、不

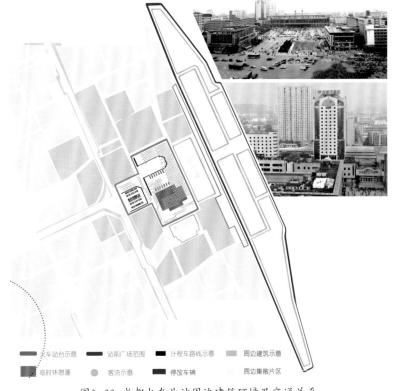

图3-33 成都火车北站周边建筑环境及交通关系

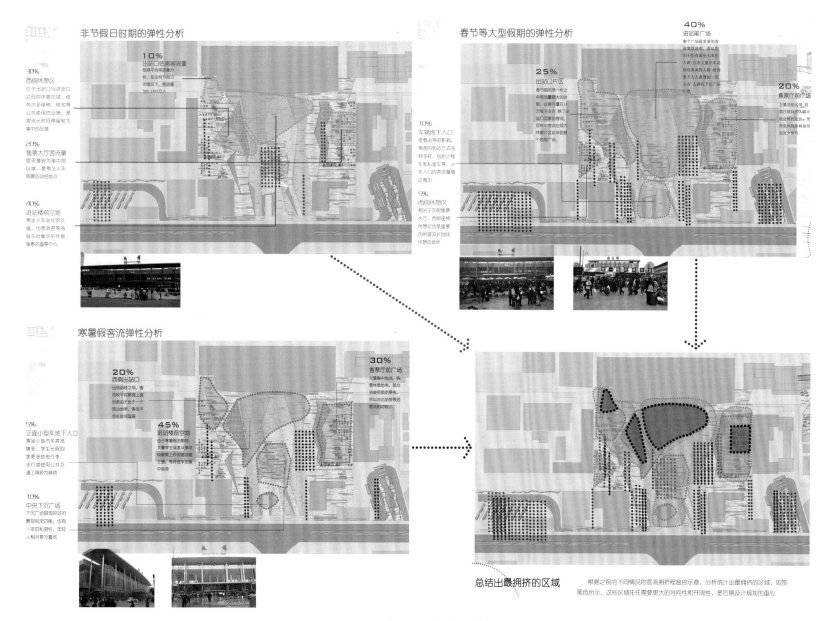

图3-34 广场人流量弹性分析

方便通行。

（3）人流量。火车站周边人流量巨大，人行道、车行道拥挤混乱，且人车混流，广场没有导向性的基础设施，旅客进出站步行距离远，广场交通流线没有和城市道路交通形成有序和谐的规划。

3. 人流量弹性分析

项目设计人员对于广场的人流量进行了有效的弹性分析，通过非节假日、节假日和寒暑假的人流统计，总结出了广场上最拥挤的区域（如图3-34）。

4. 设计原则

项目设计主要对广场现有的不足进行针对性改造。火车北站是成都交通网络的一个重要节点，改造的目的在于通过对交通流线的整合，通过景观的手段，将"灰色"的交通基础设施转向"绿色"

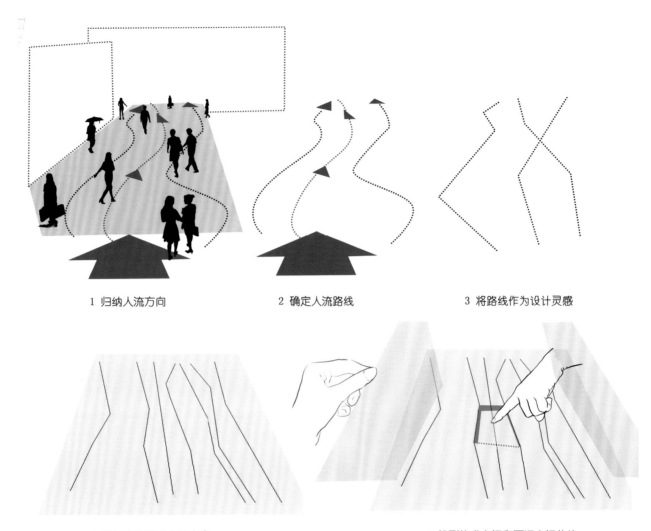

1 归纳人流方向　　　　　2 确定人流路线　　　　　3 将路线作为设计灵感

4 用折线的形式表现出来　　　　　5 找到抬升空间和下沉空间的块

图3-35　基地文脉——欧式钟楼

的景观流线，营造出形式和功能和谐的场所空间。

（1）遵循广场空间设计的一般性原则。

（2）可持续发展原则。

（3）控制规模，突出特色。

（4）利用有限的空间进行再创造。

（5）地下等纵向空间的有效利用。

（6）交通与环境共存。

5．设计理念

（1）穿越、到达——景观基础设计的导向性。旨在改善交通

混乱问题，达到人车分流、各行其道、快速进出站。因此整个广场及周边景观都围绕"导向性"展开，将这里作为环境和交通转换的场所（如图3-35）。

（2）转变、转换——基础设施的景观化。北站地理交通位置优越，被诸多基础设施包围，希望通过景观的手段，将"灰色"的交通基础设向"绿色"的景观流线转化，营造出形式和功能和谐的场所空间，形成成都的窗口。

（3）创新、同存——"低碳"理念的引入。避免浪费，充分利用自然资源，形成可持续发展体系。

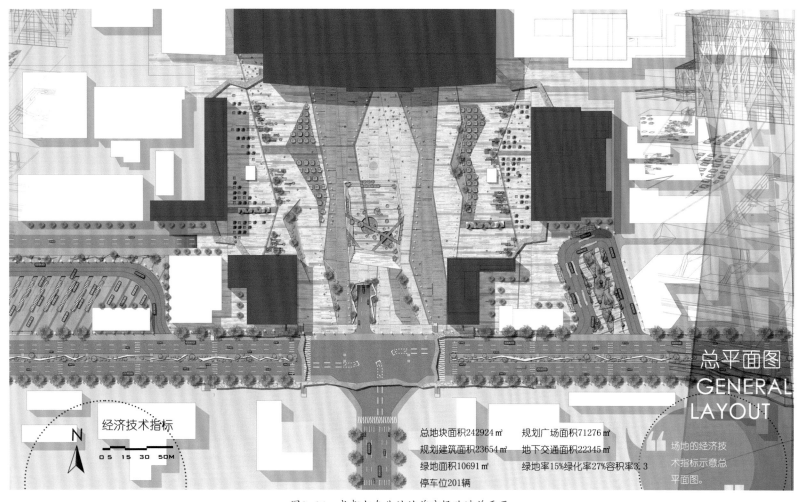

图3-36　成都火车北站站前广场改造总平面

（4）交通、服务——充分利用有限空间。结合高架桥，将原本平面的广场转变为立体式交通体系，让地面广场空间更多地留给候车休息的旅客。

（5）改造、利用——各功能建筑跟随"流"动。人流车流在此汇集和发散，川流不息，其本质就在"流"。道路、广场以及建筑外立面都采用树杈状形态，并设有太阳能装置，将植物生长和能源的"流"动融合起来。

6．总体布局

（1）广场和周边道路关系。要使站前广场和周围区域的交通保持安全通畅，在总体设计中必须尽可能地排除与广场功能无关

的交通，做到交通流线的单向化、通畅化、最小化，以及人车分流（如图3-36）。

（2）广场的形态构成。站前广场原则上是平面广场，但在车站设施的构造、与周围建筑的关系、车流的分布、行人的便利等方面要求有立体的交通流线时可采用立体广场（如图3-37）。

（3）交通和环境空间的协调。把站前广场设计成为具有城市个性或地域门户特色的广场。协调交通空间和环境空间，确保空间的统一性、整体性，使公共空间能充分发挥其作用。当站前广场设置高架人行天桥或平台时，应以站前广场和周围建筑为对象，使该区域整体的人行道通畅化、网络化（如图3-38、图3-39）。

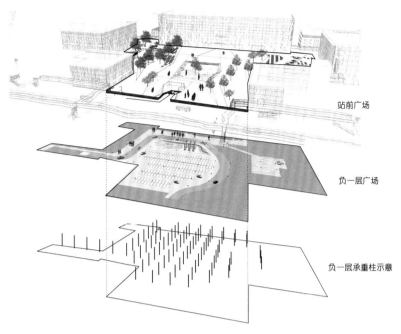

站前广场

负一层广场

负一层承重柱示意

图3-37 广场纵向空间分析

7.功能分区

项目贯穿"导向性"概念，广场主要由六条折线走向的灯带划分功能分区。在铺装的色彩和材质上进行区分，将人流从广场前引导至候车厅。各区域景观以带状分布，在不影响通行的同时丰富广场景观空间。

（1）站前广场区——绿化的调和。广场南端是地下交通的入口，在其周围沿灯带划分设计了几块几何形体的绿化带，在保证交通顺畅的同时起到了屏障隔离的作用，不仅隔离道路上的噪音，同时也能吸附车辆排出的尾气（如图3-40）。

（2）站前绿化休息区——"破碎"的整体。广场东西两端作为旅客临时的等候休息场所，采用树池结合座椅的形式布置，在增加绿化的同时提供足够的休息空间，看似零散的树池其实是按照地面铺装导向进行布局的，从区域划分来看形成一个整体空间（如图3-41）。

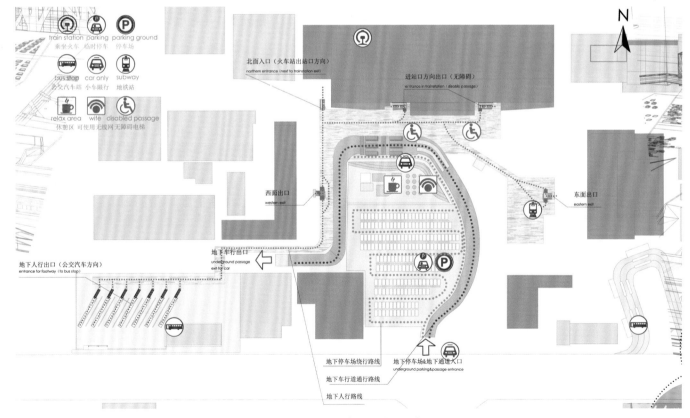

图3-38 广场负一层交通分析

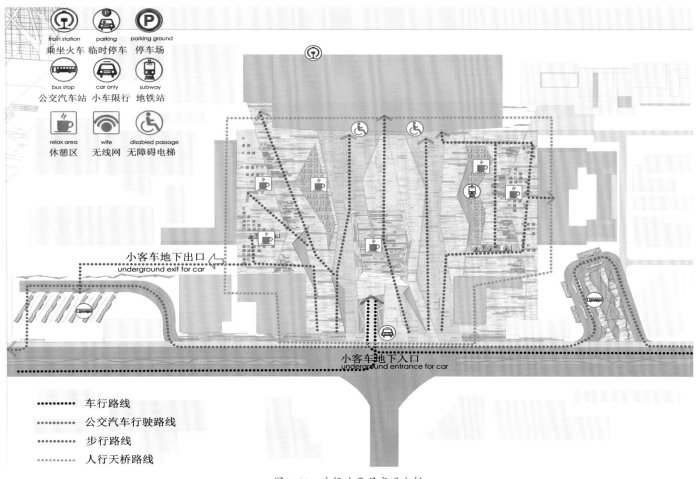

train station　parking　parking ground
乘坐火车　临时停车　停车场

bus stop　car only　subway
公交汽车站　小车限行　地铁站

relax area　wife　disabled passage
休憩区　无线网　无障碍电梯

小客车地下出口
underground exit for car

小客车地下入口
underground entrance for car

•••••••• 车行路线
•••••••• 公交汽车行驶路线
•••••••• 步行路线
•••••••• 人行天桥路线

图3-39　广场地面层交通分析

图3-40　广场入口

拉丝面大理石　防腐木

图3-41　广场两侧绿化休息空间

（3）下沉广场区——雨水收集。广场中央位置是一块下沉小广场，周围设置多级阶梯和无障碍坡道，可供人们临时休息。沿下沉广场周边地面设置隐蔽式排水沟，并且地面铺装采用渗水材质，地面以下设置雨水收集设施，可以有效地解决广场地面排水和雨水收集问题（如图3-42、图3-43）。

（4）候车厅入口景观。候车厅入口是旅客进站的必经通道，是整个广场人流最为集中的区域，因此该区域留出充足的开敞空间，供旅客通行排队，地面设有导向标志以及具有导向性的地灯带。

（5）公交车站。根据火车站公交路线和人流情况，共设置三个公交车停靠站点，在站前广场东侧独立区域和广场负一层设置公交车到达站，方便进站和换乘地铁的旅客，而在站前广场西侧独立区域设置公交车始发站，方便出站后换乘公交的旅客（如图3-44）。

（6）高架桥、人行天桥及绿化带。为方便穿越广场南侧路口及乘坐二环高架快速公交的旅客能快速到达火车站，在二环高架下端搭建人行天桥跨越二环路和链接高架，这样既节约了空间又提高了通行效率，同时避免人车混流而造成交通拥堵（如图3-45、图3-46）。充分利用高架桥下的剩余空间进行带状的绿化设计，根据光照情况种植喜阴植物。

图3-42　下沉中心广场

图3-43　广场雨洪调解分析示意

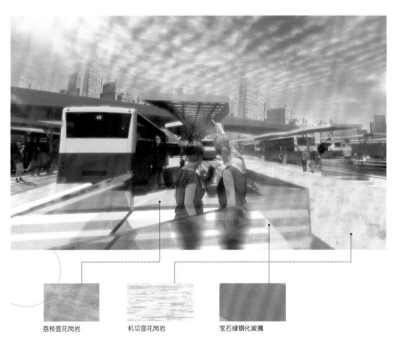

荔枝面花岗岩　　机切面花岗岩　　宝石绿钢化玻璃

图3-44　广场配套公交车站

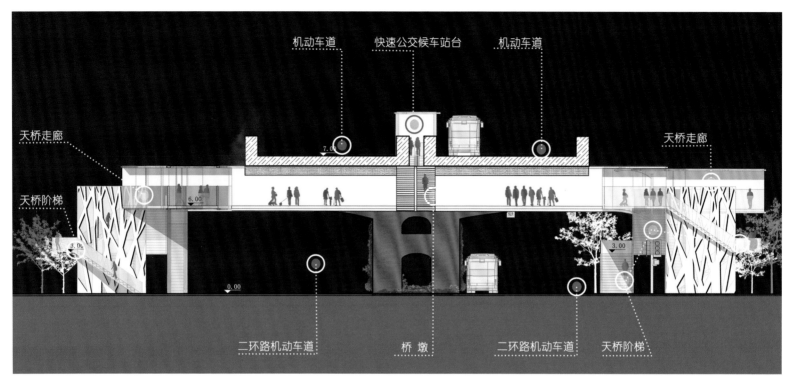

机动车道　　快速公交候车站台　　机动车道

天桥走廊　　　　　　　　　　　　　　　　　　　天桥走廊

天桥阶梯　　　　　　　　　　　　　　　　　　　天桥阶梯

二环路机动车道　　　　桥墩　　　二环路机动车道　　天桥阶梯

图3-45　二环高架与人行天桥的剖面关系

图3-46　成都火车北站站前广场总体鸟瞰

二、商业街景观设计案例

（一）日本东京六本木山庄

六本木山庄是森大厦株式会社迄今为止在街道建设方面的代表

性作品，从开发到竣工经历了17年的漫长岁月。作为"城市中心文化"的六本木山庄，有许多共有空间，其中的榉坂大道是贯穿六本木山庄东西的一条象征性大道，沿街的高级时装店、商业饮食店、特色专门店让此大道成为热闹的购物散步道（如图3-47）。街道空间中设置了街道附属设施、公共艺术和休憩点，采用的是日本国内外的艺术家作品，促成了榉坂大道浓厚的艺术氛围（如图3-48）。

图3-47　榉坂大道

图3-48　内田繁设计的长椅

图3-49　春熙路北口

（二）成都春熙路商业街

春熙路位于成都市中心，是一条历史悠久、热闹繁华的商业街，是成都最具代表性、最繁华热闹的商业步行街。2001年2月，改造后的春熙路更加宽敞，交通流线也较之前更为顺畅。其景观设计既体现了春熙路的历史内涵，又不失商业街的时尚魅力（如图3-49）。主街交汇处的中山广场是难得的休憩空间（如图3-50），仿古地砖铺就的地面与嵌于其中的掠影浮雕交相辉映（如图3-51），众多个性十足的店面带给商业街无限活力。

春熙路商业街的业态设置合理，景观设计既凸显个性，又别具品味，被称为"中国商业第三街"。

图3-50　中山广场

图3-51　地面铜质浮雕

（三）成都宽窄巷子历史文化街区

——符号学在历史文化商业街区保护与更新中的景观设计应用

1. 符号学概念的引入

符号在《新华字典》中解释为代表事物的标记、记号。人与人之间通过交流来发送、接收和创造信息，而这个交流的媒介除了语言之外，最重要的便是符号。符号的本质是它具有指示能力，符号是用于代表另一事物的某物。

埃科（Umberto Eco）在《符号学原理》中，根据符号的来源和目的将其分为两类。"某些符号是为了意指而制造出来的客体，而另一些符号是为了满足某些功能的需求而制造出来的客体。"建筑符号就属于后一种，它之所以具有实用功能，是因为"它们被解码为符号"。

在今天的建筑景观学领域中，"符号"一词不再陌生，建筑在人们的日常生活交流中扮演着重要的角色，因为建筑本身就是一种语言，它可以作为一种符号形式来传达意义，是人们进行交流的手段之一。符号学对建筑设计的补充无疑给建筑界添加了不少新的活力和生机。随着现代建筑"意义危机"的出现，人们开始系统反思现代建筑的本质困惑及现代文化，在20世纪50年代，符号学的研究开始扩展到建筑领域，经过数十年的发展，现已建立了一套内涵丰富且逻辑严密的建筑符号学体系。

运用符号学的观点，分别从形式类别、材料特征、象征意义和功能几个方面来分析和解释建筑的特殊符号，将其从各自的使用功能中抽象出来，获得非建筑学的文化意义，可以向人们传递视觉信息，传递符号学的信息，拓展符号学在历史文化街区保护景观设计中的意义与作用。

2. 宽窄巷子历史文化街区的符号学痕迹

（1）历史沿革。

①张仪筑城。要溯源宽窄巷子的历史，就不得不提到秦代张仪所建的成都少城。《华阳国志·蜀志》记载，秦国在古蜀国灭亡后的第二年，即公元前341年移秦民到成都，秦国大夫张仪筑成都城，成都城市的历史自此开篇，距今已有2300多年。

传说张仪筑城，一开始就遇到了很大的麻烦，屡筑屡垮，总是立不起来。这个时候忽有一只灵龟前来相助，绕行一周后死去。张仪心领神会，沿龟迹再筑城，果然城墙牢牢站稳了。其实这个故事背后，有着现实的依据，因为张仪筑城之初，试图把成都的城墙筑得像秦国咸阳的城墙一样方方正正。然而成都平原不是关中平原，这里土地潮湿，难以找到坚实的地基，有了多次失败的教训之后，聪明的张仪根据地形，把城筑修在地势较高而又坚实的地方，但是这样修出来的城墙非方非圆，曲缩如一只乌龟。无论是城墙的形状，还是神龟相助的传说，成都因此有了一个雅称——龟城。

张仪第一次筑城并没有包围整个成都城区，城墙只框住了东边的一大半，西边还有一片没有被圈进来，于是便有第二次筑城。一座城市被分隔成了两座城，东边的较大，称为大城，西边的较小，也就是小城了。古代"小"和"少"二字通用，因此小城在习惯上被叫作"少城"。一个城市一大一小两座城，这就是古人所说的"重城"，这种形式在成都历史上一直延续了2000多年。

②市井满城。2000多年来，少城历经无数社会风云变幻，形成如今的窄巷子四合院格局。清康熙五十七年（1718年），准噶尔部窜扰西藏。清朝廷派三千官兵平息叛乱后，选留千余兵丁永留成都，并在当时比较残破的少城基础上修筑了满城。不过成都的老百姓习惯了称这片城池为少城，所以那个时候的宽窄巷子就属于清朝八旗军队及其家属居住的新少城，是当时42条兵丁胡同中的两条。它是老成都"千年少城"城市格局和百年原真建筑格局的最后遗存，也是北方的胡同文化和建筑风格在南方的"孤本"。

（2）文化印记。清朝退出历史舞台，城垣拆除，原来汉人禁足的宽窄巷子谁都能随意进去了。三百年风雨，由兵营而市井，由官城而街巷，当年的满城只留下宽、窄、井三条巷子。宽窄巷子是少城的遗存，是少城文化的代表，体现了从清朝经过民国再到现在的历史演进，是古少城文化的历史延续，是文化的回忆。

宽窄巷子的四合院式建筑、满城的兵营、川西民居、民国时期建筑、中西合璧式建筑，不同建筑风格的混合拥有很高的艺术价值：

宽巷子20号——民初建筑，其梁拖上有栩栩如生的木雕狮子，门簪雕花，门头左右斜撑处是两幅各不相同的精美木雕画面，两幅木雕构件可清晰看见佛手、宝瓶、宝剑、如意、灵芝、寿桃等吉祥饰物雕刻其上。

宽巷子19号——其门头方正气派，民国年间修建并保留至今。此院为两进院落。前檐廊砖柱，两圆四方，富于变化，其中两廊柱为旧物。

宽巷子25号——门头为传统黑色木板门，门前两侧有八字影壁，尽显大宅风范。旧门头下的红砂上马石静静地矗立在此，向人们展现着旗人的生活、岁月的沧桑。院内的前檐和正房建筑均有精美的木雕装饰，东侧院中有两层建筑被称为小姐楼，据说是始建此院时，主人为未出嫁的女儿所修闺阁。

宽巷子33号——简洁的中西合璧风格的大门，没有繁缛复杂的装饰，保留完好的二进院落格局。当时的居民曾栽种着玉兰、丁香、栀子花，至今仿佛还能嗅到满园的清香。在民国的时候，宽巷子33号庭院是济世救民的中医名师周济民的住所，他的医术在少城中远近闻名。

宽巷子37号——典型的老川西民居风格。建筑保留了以前的老门头，它的色彩十分朴素，以冷色调为主，"雕而不画"。青瓦，粉墙，茶褐色梁柱，棕色门窗，小门楼。

窄巷子2号——门头是西洋四柱三山式，门洞顶处以卷草纹线条处理，建筑形态优美。进入院内的门厅有传统的四扇六抹格扇，隔扇上部镶嵌冰裂纹门楣。

窄巷子14号——四柱三山的西洋风格大门中间山墙开方形门洞，门洞上方留悬挂石匾位置，还让人隐隐感到当时主人的显赫地位。门洞两侧有青砖柱，柱顶四角飞檐攒尖带宝瓶顶装饰柱头，做工精细考究，富于变化，宝瓶有保佑平安之意。

（3）保护与更新方式。宽窄巷子的保护更新理念是：以"成都生活精神"为线索，在保护老成都原真建筑风貌的基础上，形成汇聚街面民俗生活体验、公益博览、高档餐饮、宅院酒店、娱乐休闲、特色策展、情景再现等业态的"院落式情景消费街区"和"成都城市怀旧旅游的人文游憩中心"，打造"老成都底片，新都市客厅"。

更新方式是：除违章建筑拆除外，大部分的建筑将在保持原有建筑风貌的基础上进行整治，做到"整旧如旧"；小部分建筑将采取修缮的方式，按照原有的特征进行修复，并完善内部设施。风貌协调区以注重核心保护区和建筑控制地带与周边环境互

表3-1　宽窄巷子的文化符号传承

位置标记	建筑文化符号特征	实例照片
宽巷子25号	传统木门头 两侧影壁 粉饰白灰	
宽巷子37号	传统木门头 传统龙门 承拱完整 图案精细	
宽巷子11号	砖门头 斜向 门庭开阔 中西结合	
宽巷子1号	砖门头 延至两侧围墙 西洋风格	
宽巷子30号	砖门头 歇山顶 八字照壁 保留有拴马桩 中西结合	

相协调，保护区周围的建筑物的位置、形式、高度、体量、色调的风格与遗址外观风貌一致。

通过考察，我们认为，宽窄巷子的改造已经超越了"修旧如旧"的理念，在保持建筑原貌的基础上，加入本地传统装饰元素，同时也运用了一些新的景观材料和景观设计元素，整体搭配协调，达到"修旧胜旧"的效果，体现了符号学的演绎精神。

（4）效益反应。"走进宽宽的窄巷子，你唱着老四川的歌谣……"光头李进的一首MTV，尽显宽窄巷子的神韵。

在宽窄巷子改造完成后的今天，关于它的争论仍然没有停止过，就像它记录的那段纷繁的历史一样，需要靠岁月的磨砺才能找到最后的答案。接待游客超过150万人次！接待境内外游客团60多个！每天营业额超过百万元！这三个数字是开街一个月的成都宽窄巷子在汶川5•12地震后旅游接待的数据，或许人们的去向选择能说明些问题。

3．符号学对历史街区改造的应用启示

（1）形式类别——传统建筑形式符号的景观借用。将乡土建筑及环境完全功能型、自发式的形式呈现、上升为一种概念化的融入审美取向和形式结构的艺术与功能并重、主动式的形式语言，使当代建筑环境既含有传统建筑环境的某些特征，又保持与其的距离，表现出创造性。这牵涉到对传统形式的概括、变体、解构、重构等方式，完成形式上的"差异性转变"。

如宽窄巷子街道环境景观改造中，建筑结构采用钢筋混凝土框架结构，但建筑外观仍是传统川西民居外观，台梁式的结构、小批檐、小青瓦的屋面，均是在传统建筑形式符号的当代借用（如图3-52）。

（2）乡土材料传递景观信息。吸收乡土建筑就地取材的优点，尽量运用乡土材料作为建筑和营造环境的原料和装饰元素，使设计能充分利用当地的地理条件和气候因素完成建筑的实用功能，减少资源的浪费，做到环保、节能、循环利用与可持续发展。继承可以是在去粗取精的前提下进行，对原有技术的不足之处做相应的修改，目的是为整个建筑的过程和最终效果以及现代人的生活要求

图3-52　川西民居的建筑符号信息

服务。

景观考察，我们可以将宽窄巷子历史文化街区的景观主题归纳为瓦花主题、城砖主题、青瓦主题等。

①瓦花主题。灵感来自于宽窄巷子民居使用的青瓦瓦花，依据青瓦的尺寸，通过不锈钢等材质进行再造，将原有的组合方式拆解、再创造，形成现代感强烈的构成效果，结合宽窄巷子的标识，再现老巷子的历史沧桑感（如图3-53、图3-54）。

②城砖主题。灵感来自于少城的城砖，通过不锈钢、金属、木材等材质，再现老城墙的沧桑感，同时通过凸凹的砖块拼贴出宽巷子的"宽"字，表现少城的历史文脉。

③青瓦主题。灵感来自于宽窄巷子民居使用的小青瓦，依据青瓦的尺寸，通过不锈钢等材质进行再造，结合宽窄巷子的标志，再现老巷子的历史沧桑感。

（3）旧有生存经验与当前生活方式的关联。人类的意识形态与接受尺度源自于生存经验的积累，而生存经验又来自生活经历、所接受的教育、生活习惯等的传承叠加。这注定了一定地域甚至一个民族、一个国家对自身传统与习性的亲切感，也就是一种血脉中的"趋向传统意识"，即有传统文化印记的设计容易感召受众的生存经验，达到接受角度的共鸣。而在当前追求高效、简洁、快速生活节奏的生存方式中，在传统积留的生存经验记忆中选取与之对应

图3-53 瓦窗的应用透着传统与现代的信息

图3-55 空间形态延续——龙门阵

图3-54 景观语言的瓦花表达

的设计元素，使人们在忙碌的生活中，在不失时尚感的情况下追溯回忆，幻想与回归久违的自然，完成一种感觉上的精神释放与安逸（如图3-55）。

（4）文化保护意识与当代文化建立意义上的共存。要做到传统向当代的转换，前提是传统建筑环境的留存。传统的消亡将使当代的建筑无从谈起。因而必须有完善的政策保障，使各处有代表性的乡土建筑不为现代建筑环境所遮蔽和破坏，保留文化资源的原貌。同时，当代建筑文化的确定也不能是对原资源的粉饰和照搬，"假古董"永远难以与当代社会需求相容。对传统乡土建筑环境的态度只能保持在"借鉴"上，当代创造意义是不可逃避的，最终形成的是作为传统文化的乡土建筑环境记忆与作为当代标志的当代建筑环境语境的合理共存（如图3-56、图3-57）。

4. 结论与建议

（1）景观符号应用的必然性。场所是人们用来生活的容器，作为与人类一切社会活动紧密相关的建筑物及其环境，既要满足人的越来越高的生理与安全要求，同时也要满足人类友爱、尊重、自我实现的精神需求，这些方面都不得不被建筑师在创造人为环境时所考虑。皮尔士则提出，人类的一切思想和经验都是符号的活动，因而符号理论也是关于意识和经验的理论；乔姆斯基更加注重语言生成中的语义的作用；卡西尔强调，人主要是通过他的符号活动而表现其特点，一切文化成就都是所谓人类符号活动的结果。所有文化现象和精神活动都是运用符号形式来表示人类的种种经验。建筑文化自然是人类文化的组成部分，把符号学引入建筑环境领域，不仅有其真实性，而且有助于我们把研究的目光转向创造建筑文化的人类，继而延伸至客体的建筑环境。因此，可以这样认为，符号学的产生及其运用是20世纪建筑文化价值虚无的现实提出的必然要求，是自然科学实用主义建筑理论与浪漫人文主义建筑理论的价值信念都遭到现时历史演进中普遍怀疑的厄运所提出的必然要求，是陷入历史困境中的人的生命体验形式的绝对价值意义的必然要求。

（2）景观符号应用的普遍性。一方面，作为功能的景观符号给人以直观感受，景观的含义显而易见；另一方面，作为人的思想表达的建筑景观符号，让人从广泛的联想中得出历时性或同时性的文化结论。因此我们可以说建筑景观符号是被当作包容性较广的大概念来使用的，它同时包含了对建筑环境直接使用与感知作用两个方面。一切建筑环境设计活动不论它的初始意向与终结结果如何，都离不开对这两种使用方式的考虑。这就表明了景观设计作品同时蕴藏着多重含意的可能性。景观之所以存在并成为一种语言符号从而阐述自身以及自身所在的时代，正是因为景观符号的广泛存在、普遍运用和可以被多重解释的事实。

（3）景观符号应用的地域差异性。人类文化的发展在同一历史时期就地域而言是不均衡的，尽管这些地域文化都是人对自然的反应，不同地区符号体系的秩序不尽相同。即使能指与所指的关系是同一的，而能指的具体表现形式，不同地区也会有相异性。相异性来自于文化亚代码。那么基于这种文化上的差异性，其建筑环境以及建筑景观符号的应用必定具有地域差异性。

图3-56　宽窄巷子——品茶

图3-57　宽窄巷子——表演

（四）无锡梅里古都仿古商业街规划设计

1．背景资料

"梅里古都"位于吴文化的发祥地——江苏无锡梅村（如图3-58、图3-59）。梅村古名梅里，早在3200多年前，西周周太王长子泰伯，为达成父王想立三子季历的愿望，偕二弟仲雍托词采药，夜奔江南，拴马于枯树桩。到清早，见枯枝上梅花朵朵，喜出望外，顿悟此地当为宝地。于是为其取"梅里"，并定居于此。勾吴之国，由此发端。因泰伯三让两家天下，孔子称其为"至德"。司马迁的《史记》有30世家，泰伯位列"第一世家"。东汉桓帝敕令在此立庙，即泰伯庙。

泰伯庙为全国重点文保单位，被评为中华人民共和国AA级旅游景点，是无锡市旅游十八景之一。

2．文化核心

"梅里古都"的文化地位——吴文化的发源地，孔子赞誉的"至德名邦"所在地，《孙子兵法》的诞生地，春秋四大刺客之二在这里，中国第一条人工古运河——伯渎河的诞生地（如图3-60），春秋时期吴国都城的所在地，泰伯庙的所在地（如图3-61），中国第一支水军——寿梦水军的诞生地，季札挂剑、鱼腹藏剑、三让两家天下、吴市吹箫、三令五申、卧薪尝胆、如火如荼等成语典故的发生地。

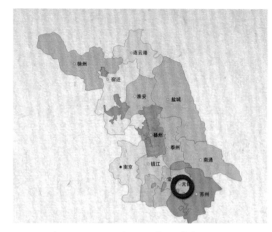

图3-59 项目地无锡在江苏省的位置

图3-60 伯渎古运河

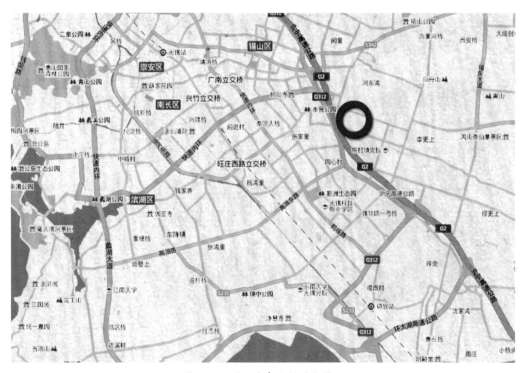

图3-58 项目地在无锡的位置

图3-61 泰伯庙遗址

为了进一步提升"梅里古都"的旅游形象，强化"梅里古都"的营销力度和效果，增强"梅里古都"在旅游市场中的美誉度和认知度，彰显"梅里古都"深厚的历史文化内涵和特色旅游产品，将梅村着力打造成中国重要的历史和文化旅游中心。

3. 规划设计

主题定位：寻觅历史渊源，再现勾吴创举，传承泰伯奇；青色瓦岩，白皙墙面，建筑历史画面；灵动水源，情系节点，为有历史渊源；梅竹点景，古朴柔美，传递和谐之道。

（1）总体规划设计。"梅里古都"规划以泰伯庙为核心，辐射周边，核心区总占地面积约20万平方米，总建筑面积约17万平方米，计划分3年基本建成。规划综合不同功能需求和历史文化特色，把梅里古都分为泰伯古庙区、至德会馆区、梅里古镇区、梅里休闲区、梅林风景区、梅里美食区、伯渎游览区、梅里居住区八个功能分区，形成古都特有的商业文化旅游产业链（如图3-62）。

八大功能分区以故事为轴线进行情感空间的联系，如以"泰伯奔吴"为主线的情感游览空间将贯穿"吴音文化广场——吴音巷——吴勾文化——吴家剑冢——牡丹亭——琴音巷韵"的街巷节点。如

此实现古典与现代的完美融合、商业与文化的相得益彰。为了弘扬泰伯精神，重现吴文化在梅村留下的历史遗迹和遗址，梅村围绕泰伯庙打造"梅里古都"，恢复吴文化在梅村的城市肌理，重现古吴都城场景和江南古镇的生活（如图3-63）。

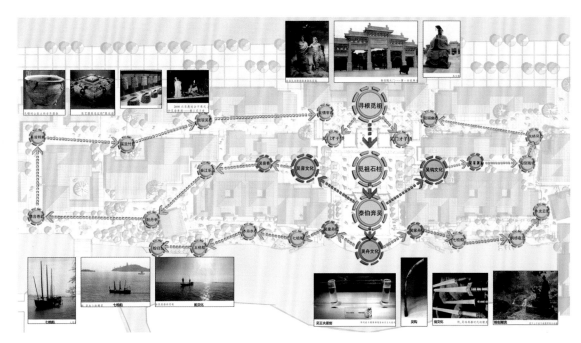

图3-62　景观空间的情感节点

图3-63　梅里古都核心区规划鸟瞰

图3-64 沿河历史文化观光带

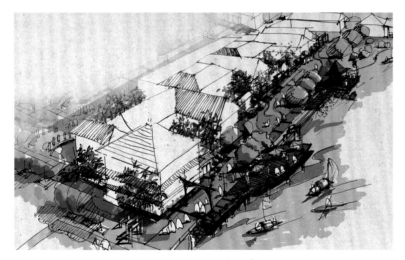

图3-65 沿河景观带

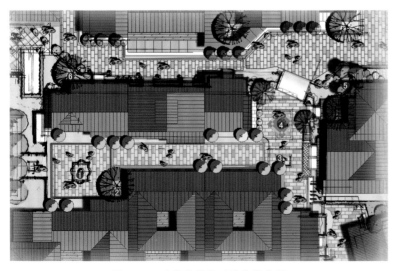

图3-66 延续古镇肌理的街巷空间

（2）伯渎游览区规划设计。该区主要展示江南"水文化"，以江南第一条人工运河——伯渎河以及冶坊浜、庙浜、梅花浜等迂回曲折的水系为游线，将各功能区串联起来，沿河种植梅花、垂柳等，让游客身临其境体会江南水乡特色（如图3-64）。以梅花街、梅花浜、三让街等老街巷，通过丝织坊、农耕园、琴坊，展现吴地民风、民俗。沿河设置民宿、河岸屋，让游客亲身体验枕水而居的意境。通过在剑阁、冶剑坊表演专诸刺王僚节目等来体现"侠文化"（如图3-65）。

（3）梅里风情区规划设计。梅里风情区内设置有伍相祠、孙武演兵场、至德宫等，集中展示了与吴文化有关的历史人物和典故；古街区保留了原有的里弄、小巷等骨架，还原了滨河民居、当铺、酒肆式的老街区，同时将伯渎港、冶坊浜等迂回曲折的水系串联起来，形成具有江南水乡特色的游览线路（如图3-66、图3-67）。

"梅里古都"的标志以形象化的"梅"字为主体，采用中国传统喜好的红、绿两种颜色。一个"梅"字既蕴涵了泰伯喜梅的含

图3-67 街巷空间效果

义，又透出了鱼米之乡梅里悠久流长的历史。

（4）文化艺术小品设计。市政设施小品如路灯、果皮箱、垃圾收集箱、消火栓、公厕、公用电话、邮筒、指示标牌等的形式、色彩、风格应与历史街区风貌相统一，符合历史街区传统的建筑风格、色彩和尺度，做到功能与形式的统一（如图3-68、图3-69）。通过艺术小品营造环境氛围大力弘扬至德精神，充分挖掘和展示勾吴文化，再现江南传统风情，以吴文化为载体，倾力打造梅里古都。

以期实现：

一个响亮的名字梅里古都，

一幅迷人的画卷梅里古都，

四海同宗故里梅里古都，

江南绿色明珠梅里古都。

演兵场敲响孙武的战鼓，

水军码头承载和谐富足，

梅花街上走来四海宾朋，

泰伯之乡今朝龙飞凤舞。

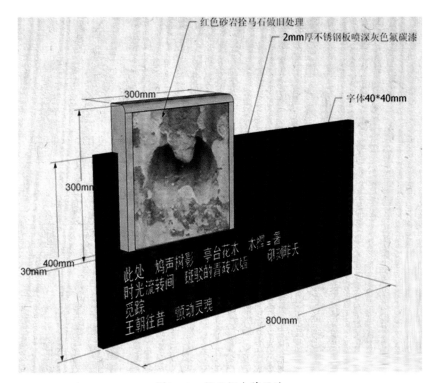

图3-68　指示标志牌设计

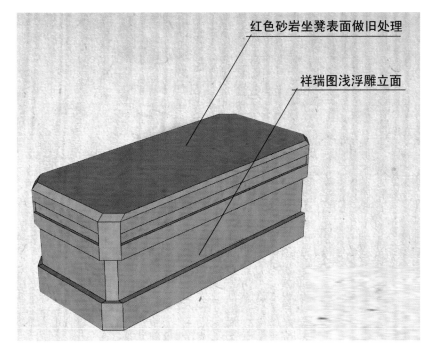

图3-69　休闲座凳设计

（五）成都远洋太古里

成都远洋太古里位于城市中心的成都远洋太古，交通便利，北临大慈寺路，西接纱帽街，南靠东大街，并与成都地铁2号及3号线的春熙路交汇站直接连通，同时有历史悠久的大慈寺相邻，接壤人潮涌动的春熙路商业区。成都远洋太古里是一座总楼面面积逾10万平方米的开放式、低密度的街区形态购物中心（如图3-70）。项目与都市环境和文化遗产紧密结合的广场、街巷、庭园、店铺、茶馆等一系列空间与活动建立起一个多元化的可持续创意街区，有着丰富的文化和历史内涵。

1. 大自然触手可及，天空从此不一样

不同于传统的室内购物中心，成都远洋太古里的建筑设计独具一格，以人为本的"开放里"概念贯穿始终。通过保留古老街巷与历史建筑，再融入2～3层的独栋建筑，川西风格的青瓦坡屋顶与格栅配以大面积落地玻璃幕墙，成都远洋太古里既传统又现代，营造出一片开放自由的城市空间。在愈加拥挤而不断向高发展的都市中心，成都远洋太古里保留一片低密度开阔空间，阳光与雨露、鸟语与花香，种种体验变得直接而与众不同（如图3-71）。

2. 传承历史与文化，城市中心重现活力

一个优秀的空间既要沉淀城市的文化与历史，又要提供开阔的平台汇集当代思潮。北京的胡同、曼哈顿的大厦、罗马的教堂，悠久的历史与崭新的文化相互碰撞，新旧交织的人与事编织出一幅色彩绚丽的城市画卷。

成都远洋太古里深谙城市空间承载文化与历史这一重要职责。成都远洋太古里坐落于历史文化氛围浓郁的大慈寺片区，秉持"以现代诠释传统"的设计理念，将成都的文化精神注入建筑群落之中，这座城市的色彩与质感，成都人的闲适与包容，点点滴滴的地域特色都将在房屋、街巷、广场逐一呈现（如图3-72）。针对项目

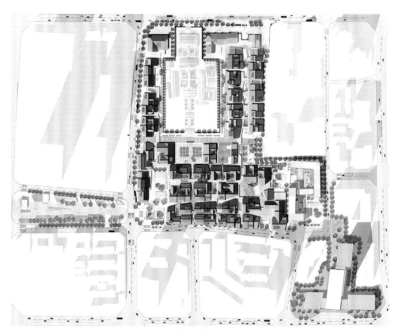

图3-70　成都远洋太古里规划平面

图3-71　成都远洋太古里总体鸟瞰

图3-72　成都远洋太古里的古建筑与新建筑

图3-73　一街之隔的大慈寺与太古里

当中的六座古建筑，成都远洋太古里特别邀请清华大学建筑设计研究院作为古建顾问，对历史建筑进行保护及修缮。在遵循古建筑原本比例的基础上，采用国际最新的保护复原体系，融入更多文化创意以及对建筑保育的新理解，根据它们各自不同的建筑风格量身定制其未来的用途，最大限度保留和延续它们的历史和文化价值。川西民居质朴素雅而又开敞自由的建筑风格、沿承至今的古老街巷、老成都的市井风貌与人文韵味得以保留重现，令人心旷神怡的城市中心即将重现活力，续写未来更多可能（如图3-73）。

3．人与自然、文化与艺术交相辉映

兼顾国际视野与地域特色，成都远洋太古里邀请海内外多位艺术家量身定制21件匠心独运的艺术品，其中不少作品出自女性艺术家之手。以人、自然、文化为主题，这些融合东西方思想的艺术品，或以植物的形态，或以自然的风光，或以生活的元素，将美妙瞬间凝固定格，在开阔的天空之下沉淀艺术之美，让生长于此的都市人感受一份质朴的真情。

放置于漫广场的《漫想》出自艺术家Blessing Hancock与Joe O'Connell之手，清冽的灯光穿透雕塑，将东西方诗人的哲想洒满广场，智慧之光再次熠熠生辉（如图3-74）；来自艺术家Polo的《父与子》将父子之间的深厚情感，通过活灵活现的生活场景完美展示，亲情的温暖弥漫巷里之间；《大花》一瓣瓣紫色明洁的花瓣述说着英国女艺术家Jenny Pickford对自然与城市的思考（如图3-75）；而另一位女艺术家

图3-74　公共艺术《漫想》

图3-75　公共艺术《大花》

Sophie Nielson则通过《婵娟》，将人类对天空的无限憧憬与美好寄愿充分地展示在这片开阔空间之中。

4. "快里"与"慢里"完美融合

成都远洋太古里的"里"字意为"街巷"，正是这里纵横交织的里巷令成都远洋太古里别具一格。在深刻理解成都这座城市以及成都消费者生活习惯的基础上，成都远洋太古里对其业态进行了合理组合，特别引入"快里""慢里"概念。

"快里"由三条精彩纷呈的购物街贯通东西两个聚集人潮的广场，众多国际品牌将以独栋或复式店铺的形式完整展示他们的旗舰形象，为成都人提供畅"快"淋漓的逛"街"享受（如图3-76）。

"慢里"则是围绕大慈寺精心打造的慢生活里巷，以慢调生活为主题。值得把玩的生活趣味、大都会的休闲品味、林立的精致餐厅、历史文化及商业交融的独特氛围，呈现出成都远洋太古里另一张动人面孔。除了精致美食，"慢里"还将引入各类文化生活品牌，为繁忙的都市注入美好的生活理念（如图3-77）。

图3-76 "快里"中的奢侈品店面

图3-77 "慢里"中的趣味生活店面

参 考 文 献

[1] [丹麦]杨·盖尔著. 何人可译. 交往与空间（第四版）[M]. 北京：中国建筑工业出版社，2002.

[2] [日]芦原义信著. 尹培桐译. 街道的美学[M]. 北京：中国建筑工业出版社，2006.

[3] [加拿大]简·雅各布斯著. 金衡山译. 美国大城市的死于生[M]. 北京：译林出版社，2005.

[4] [英]克利夫·芒福汀著. 张永刚，陆卫东译. 街道与广场（第二版）[M]. 北京：中国建筑工业出版社，2004.

[5] [美]约翰·0·西蒙兹著. 俞孔坚，王志芳，孙鹏译. 程里尧，刘衡校. 景观设计学——场地规划与设计手册（第三版）[M]. 北京：中国建筑工业出版社，2000.

[6] 董鉴泓主编. 中国城市建设史（第二版）[M]. 北京：中国建筑工业出版社，1989.

[7] 沈玉麟编. 外国城市建设史[M]. 北京：中国建筑工业出版社，1989.

[8] [英]克利夫·芒福汀著. 街道与广场[M]. 北京：中国建筑工业出版社，2004.

[9] [美]詹金斯著. 李哲等译. 广场尺度[M]. 北京：中国建筑工业出版社，2009.

[10] 蔡永洁著. 城市广场[M]. 南京：东南大学出版社，2006.

[11] 郝维刚，郝维强著. 欧洲城市广场设计理论与艺术表现[M]. 北京：中国建筑工业出版社，2008.

[12] [英]保罗·科布利，莉莎·詹茨著. 许磊译. 田德蓓审译. 视读符号学[M]. 合肥：安徽文艺出版社，2007.

[13] 刘天巍. 文化叙事在历史文化保护区景观设计中的作用——以成都宽窄巷子景观设计为例[J]. 中外景观，2010，4.

[14] 张力. 宽窄巷子：从深度设计走向重生——对宽窄巷子设计理念的文化解读[J]. 住区，2009，6.

[15] 马志韬，李映涛. 社区文化：成都宽窄巷子结构风貌的商业化重构[J]. 中华文化论坛，2008，4.

[16] 郑源，李万卷. 论成都宽窄巷子的"宽"与"窄"——从上海新天地历史保护街区改造看宽窄巷子历史保护街区改造中的得与失[D]. 成都：四川大学，2009.

[17] 林强，梅媚. 城市历史街区改造中的空间营造途径——以成都市宽窄巷子为例[D]. 成都：四川大学，2009.

图书在版编目(CIP)数据

城市广场及商业街景观设计 / 田勇 主编.—长沙：湖南人民出版社，2011.9（2015.8）
(21世纪高等学校美术与设计专业规划教材 / 蒋烨，刘永健主编)
ISBN 978-7-5438-7795-5

Ⅰ.①城... Ⅱ.①田... Ⅲ.①广场－景观设计－教材
②商业街－景观设计－教材 Ⅳ. ①TU986.2

中国版本图书馆CIP数据核字(2011)第186093号

城市广场及商业街景观设计

总　策　划：龙仕林　蒋　烨　刘永健
丛书主编：蒋　烨　刘永健
本册主编：田　勇
本册副主编：唐　毅　刘　益　范　颖
责任编辑：龙仕林　文志雄　杨丁丁
编辑部电话：0731-82683373　82683328　[http://www.hnhep.com]
装帧设计：蒋　烨

出版发行：湖南人民出版社[http://www.hnppp.com]
地　　　址：长沙市营盘东路3号
邮　　　编：410005
营销电话：0731-82683348
印　　　刷：长沙市雅高彩印有限公司

印　　　次：2011年9月第1版
　　　　　　2015年8月第2版第2次印刷
开　　　本：787×1092　1/12
印　　　张：10
字　　　数：250 000
印　　　数：3 501-5 500

书　　　号：ISBN 978-7-5438-7795-5
定　　　价：58.00元